我的花花世界

——家庭小型盆栽培植

夏婷婷　编著

天津出版传媒集团
天津科技翻译出版有限公司

图书在版编目(CIP)数据

我的花花世界：家庭小型盆栽培植/夏婷婷编著.—天津：天津科技翻译出版有限公司，2011.2（2025.3重印）

ISBN 978-7-5433-1985-1

Ⅰ.①我… Ⅱ.①夏… Ⅲ.①盆栽—观赏园艺 Ⅳ.①S68

中国版本图书馆 CIP 数据核字(2010)第 249067 号

出　　版：天津科技翻译出版有限公司
出 版 人：方　艳
地　　址：天津市和平区西康路 35 号
邮政编码：300051
电　　话：(022)87894896
传　　真：(022)87893237
网　　址：www.tsttpc.com
印　　刷：三河市天润建兴印务有限公司
发　　行：全国新华书店
版本记录：960mm×1330mm　16 开本　12 印张　240 千字
2011 年 2 月第 1 版　2025 年 3 月第 2 次印刷
定价：49.80元

写在前面

我喜欢上种花纯属偶然，记得有一次和心仪的男生逛夜市，遇见了一个卖小盆栽的铺子，他买了两盆送我。我把它们当作宝贝一样捧回家。对于那时候连仙人掌都养不活的我来说，养活它们，无疑是天大的一件事情。但我无论如何都不想让它们再步可怜的仙人掌的后尘。于是我上网查资料，在了解它们名字及习性的同时，无意中又发现了种植论坛，那一刻就像进了大观园一样，既惊艳于花友们晒出来的美丽的植物图片，又叹服于花友们精彩纷呈的盆栽心经。真是没有想到，原来世界上还有那么多我完全没见过、出乎我意料之外的植物，更有那么多有关它们的故事令人神往。

从此，我就迷上了栽培，开始试种各种多肉植物、球根植物、草花植物、木本植物甚至食虫植物。对于我来说，每种植物都是那么神奇。我买了很多种子，在开始完全不懂的情况下乱种一气，不久我就悲伤地发现，这些背负我极大期望的种子完全没有动静。于是我开始认真地学习，逐渐了解了该用什么土壤，该在什么季节种植等等。其后的几次播种，种子就非常听话地发芽了。第一次看见小芽出来的时候，我激动得热泪盈眶，像自己亲手孕育了一株株的小生命一般。但是好景不长，小苗又不知道什么原因全军覆没。于是我又再次请教别人、查资料，这样几次周而复始，终于有小苗慢慢变成了大苗，长成漂亮的植物，第一次抽出花苞、第一次开放。也许很多人会说：这么麻烦，干脆买一株成品就好了呀！但是那种亲手把种子培育成美丽花朵的付出与喜悦，那种学习和回报的过程，是一种非常珍贵的体验，不是单纯的拥有所能比拟的。

在这样的体验中，我得到过很多朋友的帮助。他们与我分享自己栽培的植物，教会我如何善待它们。“赠人玫瑰，手有余香”就是对他们最好的诠释。我在接受他们的恩惠同时，内心也充满了感激，不由得充满快乐，悟出越快乐就越感激，越感激越就快乐。当认识到这一点时，我真正爱上了植物，爱上了种植的真谛。

在城市中求生，工作会很辛苦，每天都要加班到很晚，然而每当我晚上下班回到家里，只要眼睛接触到那一盆盆自己种下的绿色成果，再疲惫也能让精神为之一爽。每天早上我起床的第一件事，就是去看它们。看它们在阳光下微笑的样子，就会觉得整个世界都变得美好很多。植物确实是治愈心灵的灵丹妙药，让我倍加珍惜。

我编写了这本书，只是想把这些曾经和正在陪伴我的植物们进行一次总结，把自己那些吃一堑长一智的经验拿出来与大家分享。如果有一天，当你碰到一些我曾经遇到过不明白、不能解决的情况时，希望能在这本书里找到答案，这就是我最大的喜悦了。

目录

第一章

怎样开始小园丁生涯呢？

花草们的舒适土壤

土壤是养花的根本。植物必须通过根系在土壤中补充水分、养分，才能吸收到生长必需的元素。土好、土肥、排水性好，则植物生长迅速，叶片健康有光泽；土壤板结、土贫，则植物吸收不到养分，即使靠后期施肥也很难把植物养好，所以栽种植物之前要把土壤选好。

土壤和水一样，可以分为酸性和碱性。

一般来说，种花都比较适合采用接近中性的微酸性土壤，所以，我们选择土壤的时候要选择有机质含量高、疏松、排水性好的微酸土壤，然后视具体情况可以在其中加入河沙、煤灰、珍珠岩、蛭石、木屑等来中和土壤成为复合土，模拟出植物的原生态环境。这样种出的植物才会健康。

一般富含腐埴质的土壤有以下几种：

腐叶土

这种土一般是由落叶杂草长期堆积腐烂发酵而成的，我们可以在山上的树林下找到这种土壤。

园土

就是菜园中的土。园土有机质含量多，而且基本已经属于复合土，比较疏松且排水好，是比较理想的种植土壤。

塘泥

顾名思义，塘泥就是河塘底的泥。这种泥有机质含量高，缺点是比较黏，要掺入园土或者腐叶土再使用。

泥炭土

泥炭土是有机含量比较高的一种苔藓沉积物，无污染，排水性好又保水透气，营养成分高，是比较理想的培植用土。

还有市场上卖的各种种植土、营养土等等，一般包装上都会有说明，可以根据种植的植物种类来选择土壤。

如果种植多肉植物或者兰花等排水功能要求特别高的植物，还可以选用陶粒、植金石、兰石、火山石、麦饭石等等。这些都是大颗粒、排水性好的植料，可以和泥炭土或腐叶土等掺合使用。

蛭石是一种矿物质，掺在泥炭土中可以调节土壤 pH 值、加强排水等用途。

珍珠岩同蛭石的功能差不多，主要是为了加强土壤的排水，增加蓬松度而掺入介质中。有时候我们用纯珍珠岩或者蛭石来做扦插，不容易生菌腐烂，但是珍珠岩和蛭石营养不足，所以一般掺入泥炭来调和成复合培养介质来使用。

如果土壤种植了植物，一年之后土壤的肥力会下降，我们就可以在家自己制作新的有机质土壤，方法如下：

❶ 找一个装过涂料的大桶，垫一层用过的陈土，然后放一层厨余，比如摘下的烂菜叶、蛋壳等等，然后再铺一层陈土，直到把桶填满。

❷ 浇上淘米水。

❸ 撒一点杀虫剂。

❹ 密封起来，待 3 个月之后就可以使用。当然密封时间越长发酵越完全，所以建议密封发酵半年以上为宜。

用这个方法可以把没有营养的旧土重新加入腐殖质，增加土壤的肥力和疏松度，这样就不用年年买新土了。

阳台上的各种可爱花盆

开始种花的时候，我以为可以“一盆走天下”，什么植物都用塑料盆来种。后来发生了一系列的问题，才发现原来不同的花盆有着不同的用处。现在来和大家分享一下我的体会。

塑料盆

塑料盆基本上是应用最广泛的盆，它们重量轻不怕摔，而且价格很实惠。一般来说，塑料盆是家庭种花的首选。它们的缺点是透气性一般。

塑料盆有小方盆、小圆盆、长条盆等等多种款式。

塑料方盆

小黑方

长条盆

瓦盆

现在的市场上瓦盆已经比较少见了。瓦盆透气性好，号称是最适合种花的盆。缺点是外观样式比较少，而且很重。

记住，种花的时候要根据植物特性和自己想要的造型来挑选花盆哦！

紫砂盆

紫砂盆的优点和瓦盆、陶盆等类似。它的透气性好、造型多。缺点是价格偏高。

瓷盆

瓷盆的外表很漂亮哦!

红陶盆

铁皮花盆

铁皮花盆通常是作为装饰来用的，直接拿来种花比较少见。

陶盆

陶盆的优点和瓦盆一样,缺点除了比较重之外,价钱也相对比较高。最近红陶盆的造型做得很漂亮，比较适合庭院布置。多肉类植物都比较适合用陶盆和瓦盆来种植。

红陶盆

它们也要饮食均衡——肥料

除了水和土壤之外，肥料也是及其重要的一环。肥料对于植物的重要性就像食物对于人一样，所以大家也要了解一下肥料的大致情况哦！

有机肥

一般来说，肥料分为以下几种：

氮肥

多使用氮肥可以促进叶片的生长，加强植物的光合作用，让叶子变绿，以及促进某些植物花芽的生长。氮肥一般在饼肥和鸡粪、牛粪等动物类粪便中含量比较多。

磷肥

开花之前一般多使用磷肥可以促使花

开大朵，增加花朵数量。对球根植物来说，磷肥会促进球根生长膨大，果实数量变多。磷肥可以在骨粉、螺蛳、动物下水等中找到，将这些材料进行腐熟就可以使用。

钾肥

钾肥是促进茎秆和根系发达用的。因为，茎秆和根都是植物用来传送营养的部分，所以茎秆生长得好的花，植株营养输送就能得到保障。钾肥可以增加植株的抗病能力，让植物强健，花朵艳丽，果实膨大。钾肥可以用草木灰进行补充。

以上是有机类的肥料。一般我们都提倡使用有机肥料，因为比较自然健康，当然必须要腐熟才能使用，不然会烧根。市场上也有售无机肥料，比如磷酸二氢钾，但无机肥使用过多会让植物产生依赖性，所以要慎重使用。

市场上有腐熟的有机肥卖，可以按照植物进行选择，自己家里的厨余也可以变成有用的肥料哦！

❶ 择菜剩下的烂叶子，剥下来的水果皮等，都可以用呕土的方式进行沤制，变成土壤中的有机质。

❷ 药渣、豆渣。家里如果有剩余的中药渣或者打豆浆剩下来的豆渣，拌在土中发酵一下就可以拿来用。它们的营养比较全面，而且干净。

❸ 啃剩下的鱼骨头、鱼鳞、鸡骨头、蛋壳等经过捣醉发酵，能成为含磷肥很高的肥料。

❹ 淘米水、煮蛋水等也可以拿来浇花。

施肥的时候要注意以下几点：

❶ 一定要腐熟之后才能使用，如果使用未腐熟的肥料，那么继续发酵产生的热量就会烧伤根系。

❷ 肥料使用起来要稀释，记住“薄肥勤施”。

❸ 生长期间可以施用氮磷钾肥，花开前追加磷钾肥，植物休眠期要减少施肥，生长期正常施肥，下雨之前不要施肥，夏季酷暑之后减少施肥。

与讨厌的害虫说再见

各种植物所招惹的害虫各有不同。家庭最多出现的有红蜘蛛、介壳虫、蚜虫等等。

红蜘蛛

红蜘蛛是家庭栽培最常见的一种害虫。红蜘蛛其实是一种螨虫，破坏的植物很多，而且繁殖力很强，如果大量出现可以使用乐果、花虫净等药物来杀除。稀释比例参照杀虫剂背后的说明。

红蜘蛛喜欢温暖干燥的环境，所以平时注意叶面喷水可以稍加防治。

介壳虫

介壳虫表面覆盖一层蜡质，一般的杀虫剂比较难杀除，可以采用小刷子刷除，然后去掉感染的叶子和枝条。因为介壳虫幼虫蜡质还没有形成，所以喷施杀虫剂主要是为了消灭介壳虫的幼虫，所以要坚持多喷施几次，直到看不见成虫为止。

蚜虫

蚜虫是种繁殖力很强的害虫，杀起来比较简单，可以使用乐果、花虫净等药物来杀除。稀释比例按照杀虫剂背后的说明。但是蚜虫比较容易复发，因而要定期进行检查。

平时要多注意检查，做到早发现早杀除。因为害虫还会传播病菌，连带出现病害，所以一要重视起来。

白粉虱

白粉虱是一种非常麻烦的害虫。因为体型小会飞，所以传染非常得快。还会在叶片背面产卵，繁殖速度也非常迅速。因为白色又小，很不容易发现，所以在发现的时候往往已经是虫害严重了。杀灭的方法可以采用药物法。用对口专杀的农药喷施植物，很快就能消灭。然后把有虫卵的叶片全部集中烧掉。防止再次的复发。

第二章

告诉你种子的播种方法

直根系植物如何播种呢?

直根系的植物因为不耐移植,所以我们采用直播不移苗的方法。

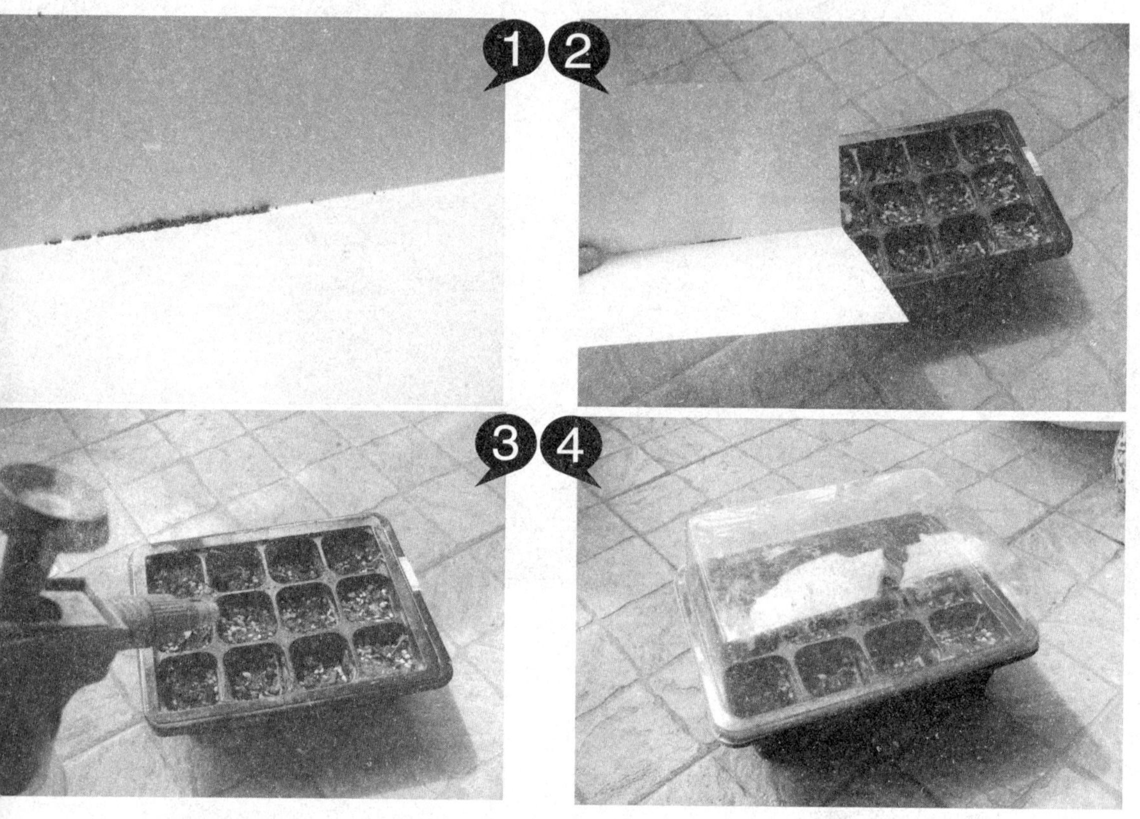

方法如下:

可把种子倒在手心上,用食指轻轻把种子均匀播进土里。也可以用一张大约 10cm 长的纸,折一道折痕,把种子倒在纸上,用一只手拖住纸,另一只手轻敲纸的另一面,即可把种子均匀撒进土里。播后不用覆土,也不要倒水,可用喷壶喷雾,如果水的力道过大会把种子冲走。水喷至盆地出水即可,之后可蒙透明薄膜保湿。家用可用保鲜膜,上面用剪刀戳两个孔保持空气流通。如果温度保持在 20℃以上会很快发芽。如果种子新鲜的话第三天即可看到小苗,小苗极其柔弱,此时补充水分还是以喷雾为主。大部分小苗出芽后即可见阳光,气温高则生长迅速。

在家庭种植中一般泥炭土加珍珠岩即可作为播种土,可以在播种土中加入少量杀菌剂或者高锰酸钾进行消毒。

催芽法下的可爱小芽

种子可以进行纸巾催芽，催芽方法：将纸巾浸水铺在小盆中。种子放在纸巾上，倒掉多余水分。最好不要选择有香味的纸巾，否则会影响发芽率。

注意种子是嫌光发芽还是需光发芽。嫌光发芽要遮光，需光发芽就放在有阳光处，要经常喷水保湿。

等长出根系就可以播种了。

纸巾催芽的发芽率比较高，而且可以把不能发芽的种子去掉，节省播种的空间。

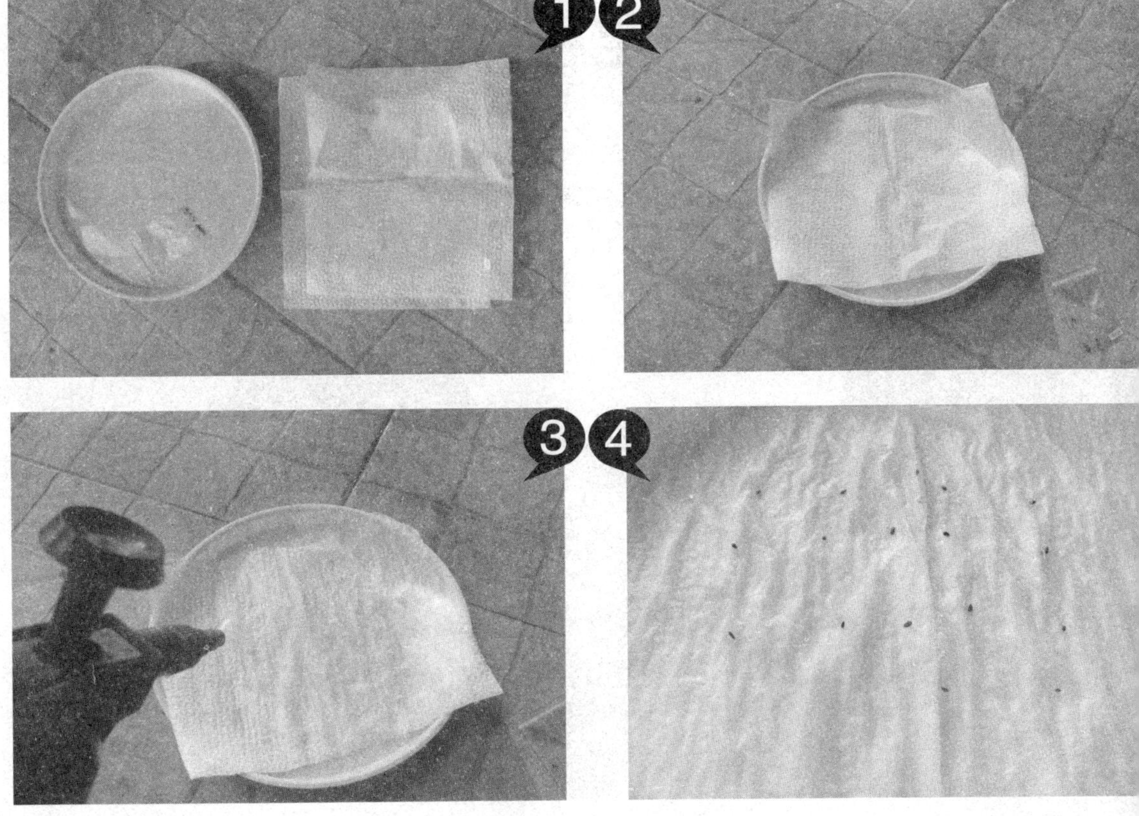

小苗临时的窝窝——假植的方法

待到当植株长出 5~6 片真叶时，开始从穴盘移出。移苗注意不要伤根，可在穴盆底部轻轻一捏，土和植株就能轻易取出。请注意一定不要伤根哦！

搬家啦！——定植的方法

一般的小型盆栽定植时，20cm 口径的盆可栽 2~3 棵。再加入有机底肥、骨粉和多菌灵，可促进生长。

第三章

没有种子也能拥有美丽的花花——扦插

不小心把小茎折断啦，怎么办？——草本植物的扦插方法

相对来说，草本植物的扦插比木质的简单，而且生根快。

扦插枝条的选择

扦插时，在植株生长旺盛时，选用当年生粗壮枝条作为插穗。把枝条剪下后，选取壮实的部位，剪成 5~15cm 长的一段，每段要带两个以上的叶片。

进行硬枝扦插时，在植株生长旺盛时，选取当年的健壮枝条做插穗。每段插穗通常保留三个以上节，剪取的方法同嫩枝扦插。

扦插后的管理

温度：插穗生根的最适温度为 15℃~30℃，低于 15℃时，插穗生根缓慢；高于 30℃时，插穗的切口容易受到病菌入侵而霉烂。

扦插后遇到低温时，可以用保鲜膜包起来；扦插后温度太高时，要给插穗遮阴来降温，同时给插穗进行喷雾，每天三次左右；晴天或者温度较高喷的次数要增加，阴雨天或者温度较低，喷的次数则少或不喷。

湿度：扦插后，必须保持空气的相对湿度在 80%左右。插穗生根原理是，在插穗未生根之前，一定要保证插穗能进行光合作用以制造生根物质。但因为没有生根的枝条插穗无法吸收水分来维持其所需要的水分，因此，必须通过喷雾来减少插穗的水分蒸发：给插穗进行喷雾，每天三次左右；晴天或者温度较高喷的次数要增加，阴雨天或者温度较低，喷的次数则少或不喷。但过度地喷雾，容易被病菌侵染而腐烂，因为很多病菌就存在于自来水中。

光照：扦插繁殖需要阳光的照射，因为插穗要进行光合作用制造养分来供给其生根的需要，这就是要留下叶片的原因。但是光照越强则插穗的温度越高，消耗的水分越多，影响插穗的成活。因此，在扦插后必须先放阴凉散射光处，待根系长出后，再逐步接受光照。

待新叶生出，说明根已经生成，进入正常养护阶段。

快速出苗的捷径是什么？——木本植物的扦插方法

木本植物的扦插方法可以分为扦插法和高压法

扦插法

在气温 15℃~28℃之间进行，选用当年生健康枝条，上部剪平，下部用刀片削成45°的斜面。留下最上部的两片叶子，然后插进纯蛭石或者珍珠岩中。介质喷水，以底部不滴水为宜。放阴凉通风处。早晚喷水保持湿润。根系长出不要着急移植，可以等根系长老一点再进行移植。

高压法

选用当年生的强壮枝条。选在节中间，小心用刀片圈一层表皮，宽度以 0.5cm 即可。深度以看见白色枝干组织为佳。等伤口晾干一会儿，用介质包裹起来。具体方法是先在伤口下方包上一个透明塑料袋，下口扎紧。然后在里面灌入扦插介质，如泥炭土加珍珠岩即可，把介质喷湿，握紧之后把上口扎紧。然后等待，直到能看见土中生出健康的须根，就可以直接在袋子下方把枝干剪下放进新盆中栽种。

这个方法类似在活体上进行扦插，成功率高，但是周期比较长，比较适合家庭繁殖。

❶ 待剪植株

❷ 选择部位

❸ 剪下枝条

❹ 等待风干

❺ 准备介质

❻ 喷湿介质

❼ 伤口收干

❽ 插入介质

❾ 轻压介质

❿ 保温保湿

第四章

植物们的栽培方法

紫叶酢浆草

紫叶酢浆草是我种植的第一盆球根。它从小小的鳞茎开始,不日伸出第一片娇弱的三角形真叶,然后日渐丰满,叶子一片接一片地抽出。白日展开时像舞动的紫蝴蝶,日落自己会收起,似有生命一般。初夏时节它们怯怯地露出几枚花苞,不经意间展开,粉嫩似少女的脸庞。它们在一整个夏天开花不断,非常贴心。

产地

原产南美巴西。多年生宿根草本,株高 15~20cm。叶子呈三角形,紫色。花粉红,花期四月至十一月。几乎全年开花。对阳光极为敏感。日出展开像翩翩的蝴蝶飞舞,日落叶子收起,是一种非常难得的叶花俱美的植物。在我国露面的时候曾经引起过巨大的轰动。[①]

播种要点

紫叶酢浆草一般是靠地下鳞茎分裂来繁殖下一代。也有用种子的,但鳞茎播种较为简单,成活率也比种子播种高许多。

鳞茎的选择:鳞茎一般能保持比较久的时间,所以我们只要选择饱满没有扁塌的鳞茎。注意鳞茎上是否有霉点和虫蛀的痕迹,霉点和虫蛀的种子并非不会发芽,但是这样的鳞茎发出的植株先天比较弱,后期会发育不良。

播种繁殖在春季盆播,发芽适温为 15℃~18℃。

种子细小,成熟会自动裂开,不易采收,不建议播种来繁殖。

紫叶酢浆草是比较少见的春播酢浆草,在南方可四季栽种。

把鳞茎放进土中,芽点朝上,覆薄土即可。如果分不清哪头是根,哪头是芽点,也可以平躺放在土里,然后覆薄土,浇透水放半阴处,等干透之后再浇水。发芽温度为 18℃~21℃。一般 2~5 天即可出第一片叶子,之后叶子生长迅速。

---

① 在 2001 年第五届花卉博览会上,紫叶酢浆草第一次在我国公开亮相。当时大家对这种颜色美丽,造型优雅的植物非常喜欢。这种种植技术简单、生命力顽强的植物简直就是完美的园林绿化范本,所以后来得到了极大的推广,也成就了现在随处能见到的片片紫蝴蝶。

紫叶酢浆草生长快，植株比较大，不宜用小盆种植，盆口超过 20cm 的盆较为合适。对土壤要求不高，一般家庭种植土均可种植。播种土加入少量杀菌剂或者高锰酸钾进行消毒。

假植与定植

紫叶酢浆草比较适宜直播。因为是块根植物，生根较快，生根后不宜再进行移植。

种植注意点

温度：生长适温（日温/夜温）为 15℃~30℃。当冬季低过 5℃时会冻伤，夏季超过 35℃时叶片会枯黄卷曲。所以冬季应放于室内，夏季要适当遮阴或也可放于室内。其余时间均可放室外粗放管理。

生长的需光性和其他生长条件：

全日照，需高光和暖和气候。极喜阳光，阳光充裕则叶肥花丰，反之会出现紫色变淡、徒长等。因其叶具有较强的趋光性，应经常转动花盆，以使株形匀称美观。

排水

要求湿润环境，土壤排水要畅通，明亮且通风良好的环境。

塑型

紫叶酢浆草生长非常快，极容易产生满盆的效果。

施肥

一般对土壤没有特别的要求，只是比较喜欢生长在富含腐埴质、排水良好的砂质土中。定期施薄肥以利于多开花，但是氮肥含量不宜过高，以免导致植株徒长，叶面上的紫红色减退。冬天要停止施肥。

浇水

避免盆土过湿，干透再浇水，水多容易烂根。

病害防治

紫叶酢浆草病虫害较少，注意红蜘蛛和蚜虫。定期检查是预防虫害的重要手段。虫害可用乐果乳油 2000 倍液喷杀。

紫叶酢浆草在通风不良、高温、高湿的条件下，易发生叶斑病。可用多菌灵 500 倍液或百菌清 800 倍液，交替喷洒植株，每隔 7~10 天一次，连续喷洒 2~3 次。

分株繁殖

紫叶酢浆草的分株繁殖指的就是分鳞茎繁殖。分株繁殖并无季节限制，最好避开35℃以上的高温和5℃以下的低温。把鳞茎挖出，掰开球茎分别种植。复杂的也可将球茎切成小块，每小块留三个以上芽眼，放进纯珍珠岩中保温保湿进行培育，等到15天左右即长出新植株，再等到生根叶子长出后进行移栽。

育种

紫叶酢浆草会自行结种子，种子成熟会自己飘落，来年春天自行发芽，所以它可以自行繁殖。

等到冬天，可以把叶子剪掉，鳞茎挖出放阴凉通风处过冬，来年再埋土中自然会生根发芽。

紫叶酢浆草因为生长旺盛，不需细致管理。花和叶都非常美丽，尤其是在盛花期时节，好像是一片舞动的紫蝴蝶，若隐若现，粉色的花朵似少女的脸庞，煞是好看。其植株丰满而颜色鲜艳，是初学者的不二之选。

蟹爪兰

记得小时候，住在楼下的老奶奶种了一院子的绿植，其中就养了四五盆蟹爪兰。它们的茎叶一节一节神似螃蟹脚。每到深秋初冬时节，花朵竞相开放，在一片萧瑟的背景中愈发鲜艳靓丽，从此我就记下了这种花的名字。后来，花友给了我一个蟹爪兰的小枝子，插活了，慢慢长大成今天的模样。平日里管得少，它也就自顾自地长着，到时节了却总能给我一个大惊喜：开个满头花红。

产地

原产南美巴西。因为开花期在圣诞节前后，所以在国外也叫作圣诞仙人掌。为仙人掌科蟹爪兰属。容易分支，节状，呈垂吊型，花生于枝节末端。因分枝形状酷似螃蟹爪，故称之为蟹爪兰。

播种要点

蟹爪兰一般不采用播种繁殖。

种植注意点

因为原产于南美洲。原生长环境常常是潮湿的山谷，所以栽培中注意光照。要求半阴的环境，能耐33℃的气温，怕酷热，应避免烈日暴晒。不要露天淋雨。冬季栽培注意保暖和光照。土壤宜用肥沃的腐埴质土壤，可加入泥炭土、沙粒、蛭石、珍珠岩等等。对pH值要求不高，以弱酸土壤为佳。

温度：生长适温（日温/夜温）为18℃~23℃。当冬季低于10℃时会冻伤，低于5℃时会因冻伤而死亡。夏季超过33℃会自行休眠，不耐阳光直射。所以冬季应放于室内，夏季要适当遮阴或也可放于室内。

生长的需光性和其他生长条件：

短日照植物。尤其开花时段可以适当缩短日照。春夏两季可以给予长日照以利于其积累养分。但值得注意的是，接受一段时间的长日照必须放进室内相同的时间，否则植株极容易徒长，叶片变薄且瘦，叶柄细长，生长不良。

排水

避免盆土过湿，干透再浇水，水多容易烂根。

塑型

蟹爪兰分枝性比较强，一般不需要人工去调整株型。可以把不同颜色的蟹爪兰进行混栽。开花时，枝头缀满颜色缤纷的花朵非常美丽，常见的颜色有大红、紫红、粉红、橙黄、白色等等。

施肥

一般情况下在春秋两季进行施肥。施一次肥之后下一次施清水，避免肥害，干透再浇，室内养护时期浇水间隔期还可以适当延长。夏季浇水适当减少，以免水加上高温对根部产生损害，避免中午高温时浇水。夏季休眠期可以停止施肥，冬季肥水也要减少，尽量在一天中气温较高的时候进行。

浇水

蟹爪兰属于仙人掌科，所以喜欢较为干燥的空气环境，且比较耐旱。长期的潮湿会导致病害，所以我们应当遵循"宁干勿湿"的原则，干透才能浇水。不能淋雨，淋雨会导致烂根，控制湿度最好不要超过60%，但夏天为了散热时可适当进行喷雾。

春秋清水和肥水交替使用，夏季清水多肥水减少，冬季相同。休眠期减少浇水甚至可暂停浇水。室内减少浇水量。

病害防治

蟹爪兰最值得注意的病害就是介壳虫。介壳虫因表面有蜡质不容易消灭。家庭种植可用酒精擦拭植株，用牙签戳死能看见的成虫，然后喷洒稀释的乐果或者亚氨硫磷消除幼虫。因有虫卵孵化期，所以应该一周一次操作，直到虫害消灭为止。

蟹爪兰在通风不良、高温高湿的条件下，易发生叶枯病、炭疽病等。可用多菌灵500倍液或百菌清800倍液，交替喷洒植株，每隔7~10天一次，连续2~3次。严重时应尽早剪去或拔除染病部分，以免传染其他植物。

扦插繁殖

蟹爪兰的繁殖一般依靠的都是扦插或者分株繁殖。扦插介质可采用泥炭土和珍珠岩，也可适当加入粗砂。春秋两季气温比较适合扦插。介质喷水弄湿，以能握成团很快能散开为原则，剪下三节以上的叶片，待伤口晾干插入介质。

待长出新芽，说明根系长出，小苗成活。成活之后可以植入小盆养护。植入时可加入底肥，用土把底肥和根分开，以免幼根烧根。上盆之后应该在半阴环境下养护1~2周之间缓盆。

育种

蟹爪兰在原产地是靠鸟类和昆虫授粉结果的，所以如果家庭育种必须人工进行授粉。蟹爪兰播种繁殖比较缓慢，成活率低，所以一般建议扦插繁殖。

蟹爪兰因为盛开在百花俱寂的深秋，所以在家中培养一盆可填补那段时节无花可看的空白。它们悬垂的枝节非常具有观赏性，而且耐旱适应性强，可粗放管理，成为懒人家庭种植的不二之选。

爱之蔓

有多少种花草拥有那一片心？“心叶球兰”有，“一片心酢”有。有多少花草有一对心心相印？答案只有爱之蔓。我给人介绍总爱称它为心心相印草。对生的粉红色叶子像两颗新鲜的跳动的心，亲热地靠在一起。那一条条垂下来的藤蔓，串着一对对的心，像幸福的幕帘，编织着说不尽的甜蜜。

产地

原产南非。萝藦科吊灯花属。因为其对称的叶子形状如心形，又称之为爱心蔓。又因为叶片根部会生出球状凸起的小块，所以在国外也称为念珠藤。广义地说，是一种藤蔓的垂吊多肉植物。

播种要点

因为室内种植很少结出种子，所以一般不采用播种繁殖。

如果有种子，可以和播种生石花的播种方法类似。

选择春秋季，在盆底放一层透气植料，然后放泥炭土加珍珠岩，最后铺一层薄薄的蛭石。把种子均匀撒下去，用喷壶喷湿，蒙上保鲜膜保温保湿，上面可以用剪刀戳几个洞来保持空气的流通。

种植注意点

因为原产于南非，所以喜欢温暖潮湿的环境，冬季栽培注意保暖和光照。土壤宜用肥沃的腐埴质土壤，可加入泥炭土、沙粒、蛭石、珍珠岩等增加透水性。对pH值要求不高，以弱酸土壤为佳，北方避免碱性土壤。

温度：生长适温（日温/夜温）为15℃~30℃。进入冬季5℃以下会休眠，夏季不休眠，春秋天是生长旺季。所以冬季应放于室内，夏季要适当遮阴。

生长的需光性和其他生长条件：

长日照植物，非常喜欢阳光，春秋两季可以放置室外或者阳光漫散射处，以利于其积累养分。冬季停止生长就是休眠，应放回室内。夏季只要稍遮阴即可。如果爱之蔓光照不足，藤蔓会徒长，叶片稀疏且单薄细小，破坏美观。

排水

避免盆土过湿，干透再浇水，水多容易烂根。

塑型

爱之蔓是藤蔓植物，所以塑型尤其重要。爱之蔓藤非常能长，一个藤能长1米多长，所以垂下来非常壮观。垂吊下来要经常进行梳理，不然对心的叶子容易互相打结。一旦打结就不太容易分开，需要细心的梳理，不然会掉落很多叶子，破坏美观度。这和爱情多么的相似！

施肥

爱之蔓对于肥料没有特别的要求。建议使用缓释肥，或者每月施用一次氮肥。也可以在换盆时候加入有机底肥，这样至下次换盆都可以不施肥。冬季不要施肥。

浇水

爱之蔓属于多肉植物类，比较耐旱，长期的潮湿会导致病害，所以我们应当遵循“宁干勿湿”的原则，干透才能浇水。我曾经有两个月时间忘记给一盆爱之蔓浇水，等想起来的时候它依然活着。事实证明爱之蔓是极度能耐旱的植物。不要淋雨，雨后的积水不能及时排出则会导致烂根。夏天为了散热，也可适当进行喷雾。

冬季减少浇水量。夏季不要在高温的中午浇水。掌握这几个原则，爱之蔓基本就可以健康生长了。

病害防治

爱之蔓很少生病虫害，要注意的就是介壳虫。介壳虫因表面有蜡质不容易消灭，如果感染了可用酒精擦拭植株，用牙签戳死能看见的成虫，然后喷洒稀释的乐果或者亚氨硫磷消除幼虫。因有虫卵孵化期，所以应该每周一次操作，直到虫害消灭为止。

爱之蔓病害不多，一般以预防为主。注意通风，浇水不要太频繁即可。

扦插繁殖

爱之蔓的繁殖一般依靠扦插繁殖。扦插基质可采用常用扦插介质，泥炭土加珍珠岩，也可适当加入粗砂。春秋两季气温比较适合扦插。介质喷水弄湿，以能握成团很快能散开为原则，剪下 2~3 节以上的叶片，待伤口晾干插入介质，之后蒙保鲜膜保温保湿。

待长出新芽，说明根系长出，小苗成活。成活之后可以植入小盆养护。植入时可加入底肥，用土把底肥和根分开，以免幼根烧根。上盆之后应该在半阴环境下养护 1~2 周之间缓盆。

有时候，藤蔓上会直接长出根系，可以直接剪下来插入土里，生根更快。或者把一段蔓茎平放在土上，保温保湿，也能自动萌发根系，所以说爱之蔓是种非常容易扦插的植物。

育种

爱之蔓的花很有趣。它是一种蓝紫色的葫芦形花，大约 2cm 长，花瓣很小，理论上花开之后能结出种子，但是因为家庭种植能授粉的昆虫几乎没有，所以大多数花都会自然掉落。一般建议扦插繁殖。

爱之蔓是一种很独特的观叶植物，造型优美，寓意吉祥，非常适合恋人互相赠送。如果收到一盆爱人送的爱之蔓，看那些紧紧相依的对心一天天长大、变多，是不是很有意义呢？

布纹球

在花市见到布纹球的第一眼，我就被它奇特的花纹吸引了，后来知道它算是大戟科比较名贵的品种，以为会比较难种。结果粗放管理后依然长得不错，不禁感叹园艺中的名言——植物不能太关心，太关心就容易失败。

产地

原产南非。多肉植物。大戟科大朝属，又叫“晃玉”。长得像小仙人球，无刺。球上有类似布纹的花纹。雌雄异株，不生仔球。开花黄色，花极小，通常还没怎么发现就开过了。

播种要点

可以用种子繁殖。

播种应该选在春季。布纹球的种子极其细小，所以播种的时候均匀撒在介质上即可。

播种介质可以如下配置：容器 10~20cm 口径左右，底层铺一层透水性好的粗植料，然后再铺 1~2cm 厚的泥炭土加珍珠岩。表层铺一层薄蛭石，种子撒在蛭石上即可。然后用喷壶喷雾喷湿，蒙上保鲜膜保温保湿，保鲜膜上戳一些洞来保持空气流通。

切记浇水要用喷雾，否则种子会被冲走。

发芽温度为 18℃~23℃。种子新鲜的话 7 天左右即可发芽。发芽之后，可以缓慢逐渐接受日照。待三周后，可以用 1%左右的淡氮磷钾液肥均匀喷雾来补充肥料。

定植

小苗出苗后生长比较缓慢，第二年可以进行分苗定植。种植土可以采用腐埴质含量高的沙质土壤。轻轻把小苗提出，然后放入种植土中，先不要浇水，等缓盆一周之后再浇水，然后进入正常养护阶段。

种植注意点

布纹球喜欢温暖的天气。冬季会自行休眠，休眠时候减少浇水，不要施肥。冬季注意保温，夏季放置阴凉通风处即可。

温度：生长适温（日温/夜温）为 15℃~28℃。当冬季低过 10℃时会自动休眠，低过 5℃时会冻伤死亡。夏季超过 30℃时会自行休眠，春秋季可以阳光直射。所以冬季应放于室内，夏季要适当采取降温的方法，如遮阴。

生长的需光性和其他生长条件：

喜欢阳光充足的环境。春秋季生长期要多晒阳光，光线不足会导致植株徒长，破坏球形。怕积水，积水极其容易烂根。长期阴暗和潮湿会导致球上生斑。最好每年能翻盆一次，保持根系生长。

排水

排水非常重要。可用泥炭土加上植金石、粗砂、珍珠岩等粗植料作为种植介质。浇水之后可以让水很快地排出，一旦积水或者水排得较慢，立刻就会烂根，这是种植多肉植物最重要的一点。

塑型

布纹球本身株形玲珑，网纹清晰，所以控制徒长就是塑型的关键。加强光照，否则球形徒长破坏株形。如果没有顶部光照射，最好每隔一段时间转一次方向，以防止植物趋光性导致植株歪长。

施肥

布纹球不需要很多的肥料，一般翻盆时候加几粒缓释肥即可，也可以浇入少量颗粒肥。

浇水

夏季休眠，初夏开始逐渐减少浇水，酷夏时期停止浇水。温度低过30℃时逐渐恢复浇水。冬季减少浇水，低过5℃时停止浇水。最好不要在球体上浇水，否则球体容易生斑，而且斑不可逆转。

病害防治

布纹球的病害不多，主要是茎腐病，可用多菌灵或者代森锌按背后说明的浓度喷洒。

害虫方面防止介壳虫。可以定期检查，如果发现，先用酒精擦拭，然后用牙签把看得见的虫子戳死。再用乐果按说明稀释喷洒，每两周一次，几次过后即可根除。

扦插繁殖

布纹球很少出现侧芽或者小球，硬性繁殖一般是切顶强生小球。但是家庭种植一般不采用这个方法。

育种

布纹球是雌雄异株植物，但是雄株在市面上比较少见，所以造成在家育种比较困难。如果正巧有雌雄两株，可进行人工授粉。

布纹球花纹非常漂亮，而且耐旱易于栽培，是比较理想的案头培养小植物。

玉露

玉露可能是多肉植物中最讨人喜欢的品种。它的造型端正,叶子浑厚蕴含光润,叶子晶莹剔透犹如翠玉。几乎每一个见到它的人就能立刻喜欢上它,所以也成为最为普及的多肉植物之一。

产地

原产南非。多肉植物,百合科十二卷属。和同属十二卷的龙鳞不同,玉露属于十二卷中的“软叶”一系。玉露系的品种众多,有姬玉露、草玉露、大型玉露等等。

播种要点

和其他十二卷属植物一样，玉露可以通过分株来繁殖，也可以用种子繁殖。

播种应该选在秋季。玉露的种子极其细小，所以播种的时候均匀撒在介质上即可。

播种介质可以如下配置：容器 10~20cm 口径左右，底层铺一层透水性好的粗植料，然后再铺 1~2cm 厚的泥炭土加珍珠岩。表层铺一层薄蛭石，种子撒在蛭石上即可，然后用喷壶喷雾喷湿，蒙上保鲜膜保温保湿，保鲜膜上戳一些洞来保持空气流通。

切记浇水要用喷雾，否则种子会被冲走。

发芽温度为 18℃~23℃。种子新鲜的话 7 天左右即可发芽。发芽之后，可以缓慢逐渐接受日照，待三周后，可以用 1%左右的淡氮磷钾液肥均匀喷雾来补充肥料。

定植

小苗出苗后生长比较缓慢，第二年可以进行分苗定植。种植土可以采用腐埴质含量高的沙质土壤。轻轻把小苗提出，然后放入种植土中。先不要浇水，等缓盆一周之后再浇水，然后进入正常养护阶段。

种植注意点

玉露既不属于冬型多肉植物也不属于夏型多肉植物。主要生长期在春秋两季。冬季会自行休眠,休眠时候减少浇水,不要施肥。冬季注意保温,夏季放置阴凉通风处即可。

温度:生长适温(日温/夜温)为 15℃~28℃。当冬季低过 3℃时会因冻伤而死亡,夏季超过 30℃时会自行休眠,春秋季可以阳光直射。所以冬季应放于室内,夏季要适当采取降温的方法,如遮阴。

生长的需光性和其他生长条件:

喜欢阳光充足的半阴环境。春秋季生长期要多见阳光,适时浇水。促使植株快速生长。不能阳光曝晒,曝晒会导致叶片灼伤,而且灼伤不可恢复,尤其要注意。最怕积水,积水极其容易烂根。最好每年能翻盆一次,保持根系生长。

排水

排水非常重要。可用草炭颗粒加上植金石、粗砂等粗植料作为种植介质,浇水之后可以让水很快排出。一旦积水或者水排得较慢,立刻就会烂根,这是种植多肉植物最重要的一点。

塑型

玉露株型端正玲珑,造型别致,叶片饱满透亮,所以塑型的要求就是保证水分和不要造成阳光灼伤。玉露比较喜欢长侧枝,如果不为了繁殖,在不影响母株造型之前要定期去除侧枝。如果没有顶部光照射,最好每隔一段时间转一次方向,以防止植物趋光性导致植株歪长。最好每年翻盆一次,剪除老化根系,维持植株的年轻态。

施肥

一般翻盆时候加几粒缓释肥。春秋两季每月施用一次有机液肥或磷钾肥。注意刚翻完盆的小苗不用着急上肥,等生长健壮之后再用肥料。

浇水

玉露的叶片饱满全靠水分。如果长期缺水,植株会干瘪变形。但是多肉植物普遍耐旱,所以土壤排水要通畅。如果希望叶片晶莹饱满,可以剪下一个塑料饮料瓶的锥形顶部罩住植株外部,营造一个湿度高的小环境。但每天要揭起来通风,否则长期闷着植株也很容易腐烂。玉露的腐烂会从芯部开始,比较难以发现。

夏季休眠,初夏开始逐渐减少浇水,酷夏时期停止浇水。温度低过 30℃时开始逐渐恢复浇水，冬季减少浇水，低过 5℃时停止浇水。

病害防治

病害方面主要是根腐病，可用多菌灵或者代森锌按背后说明的浓度喷洒。

害虫方面防止介壳虫。可以定期检查，如果发现，先用酒精擦拭，然后用牙签把看得见的虫子戳死，再用乐果按说明稀释喷洒。每两周一次，几次过后即可根除。

扦插繁殖

玉露常会有侧芽长出，每年春季，可把侧芽掰下，有根系的侧芽可以直接盆栽。正常养护即可。如果侧芽尚没有长出根系，等伤口收干后，放入保温高湿的环境中扦插，很快会长出根系，然后上盆养护。新上盆的植株不要急着浇水，只要上盆之后保持介质的湿润即可。

育种

玉露结种需要进行人工授粉。到了开花季节，会从植株正中长出长长的花序。花序顶部开花之后进行人工授粉，种荚变黄后可以采收。种子比较小，采后可以马上播种。新鲜种子发芽率比较高。

播种繁殖会见一些变异的小苗，可挑选颜色不同，株形端正的小苗进行养护，可以得到育种的乐趣。

玉露的名字非常形象。秦观有“金风玉露一相逢，便胜却人间无数”的名句。当然里面的玉露是指秋露，而玉露似秋露一般晶莹欲滴，却也让人产生无尽的遐想。家中种上一盆玉露，无论在案台还是阳台，每次浇水之后，看水珠与叶片的交相辉映，真是感叹自然界的无比神奇。

龙鳞

我总觉得帮龙鳞起名字的人特别有想象力。叶子上面层层的纹路真的特别像爬行动物的鳞片，叶子边缘的小尖齿又像龙牙一样短小有力。每当前一晚浇过水，第二天饱满晶莹的叶子，仿佛想要破空而去一般精神。所以花友送我这株的时候，我一见就非常喜爱。

产地

原产南非。多肉植物。也有另一个名字叫作“蛇皮掌”。我比较喜欢龙鳞这个名字。十二卷属，和其他十二卷属一样，龙鳞具有很美丽的叶上花纹，叶面又和十二卷的某些物种类似，呈透明状，叶边缘均匀散布小锯齿，整个株形刚劲有力又有晶莹剔透的一面，是一种极其美丽的植物。

播种要点

和众多多肉植物一样，龙鳞可以通过叶片来繁殖，也可以用种子繁殖。

播种应该选在春季。龙鳞的种子极其细小，所以播种的时候均匀撒在介质上即可。

播种介质可以如下配置：容器 10~20cm 口径左右，底层铺一层透水性好的粗植料，然后再铺 1~2cm 厚的泥炭土加珍珠岩。表层铺一层薄蛭石，种子撒在蛭石上即可，然后用喷壶喷雾喷湿，蒙上保鲜膜保温保湿，保鲜膜上戳一些洞来保持空气流通。

切记浇水要用喷雾，否则种子会被冲走。

发芽温度为 18℃~23℃。种子新鲜的话 7 天左右即可发芽。发芽之后，可以缓慢逐渐接受日照，三周后，可以用 1%左右的淡氮磷钾液肥均匀喷雾来补充肥料。

定植

小苗出苗后生长比较缓慢,第二年可以进行分苗定植。种植土可以采用腐埴质含量高的沙质土壤。轻轻把小苗提出,然后放入种植土中。先不要浇水,等缓盆一周之后再浇水,然后进入正常养护阶段。

种植注意点

龙鳞属于冬型多肉植物,所以比较怕炎热,喜欢温暖的天气。超过 30℃会自行休眠,休眠时候减少浇水,不要施肥。冬季注意保温,夏季放置阴凉通风处即可。

温度:生长适温(日温/夜温)为 15℃~28℃。当冬季低过 5℃时会因冻伤而死亡,夏季超过 30℃时会自行休眠,春秋季可以阳光直射。所以冬季应放于室内,夏季要适当采取降温的方法,如遮阴。

生长的需光性和其他生长条件:

喜欢阳光充足的环境。春秋季生长期要多晒阳光,适时浇水,促使植株快速生长。可以耐半阴,不能阳光曝晒。最怕积水,积水极其容易烂根。稍耐寒。

最好每年能翻盆一次,保持根系生长。

排水

排水非常重要。可用草炭颗粒加上植金石、粗砂等粗植料作为种植介质,浇水之后可以让水很快排出。一旦积水或者水排得较慢,立刻就会烂根,这是种植多肉植物最重要的一点。

塑型

龙鳞本身株型玲珑,造型别致,网纹清晰,所以控制徒长就是塑型的关键。加强光照,不要让植株缺水即可保证龙鳞的饱满晶莹。侧枝要定期去除,否则侧枝太大会影响母株的造型。如果没有顶部光照射,最好每隔一段时间转一次方向,以防止植物趋光性导致植株歪长。

施肥

龙鳞不需要很多肥料,一般翻盆时候加几粒缓释肥即可,如果没有缓释肥每年施用两次复合肥就可以满足一年的营养需要。

浇水

夏季休眠,初夏开始逐渐减少浇水,酷夏时期停止浇水,温度低过 30℃时开始逐渐恢复浇水。冬季减少浇水,低过 5℃时停止浇水。龙鳞的叶片饱满全靠水分,如果长期缺水,植株会干瘪变形。

病害防治

龙鳞的病害不多,主要是根腐病,可用多菌灵或者代森锌按说明的浓度喷洒。

害虫方面防止介壳虫。可以定期检查,如果发现,先用酒精擦拭,然后用牙签把看得见的虫子戳死,再用乐果按说明稀释喷洒。每两周一次,几次过后即可根除。

扦插繁殖

龙鳞常会有侧芽长出,每年春季,可把长根的侧芽掰下,直接盆栽。正常养护即可。

育种

龙鳞在花开之后会结出种荚。种荚成熟后可摘取下来,放阴凉干燥处保存。等待次年春季可进行播种。

龙鳞属于多肉植物中比较容易管理的一类,而且适应性强,适合粗放管理。只要不让它缺水太久,每次见到它都是那么有朝气的样子。植株小巧适合放在案头和办公桌上,只要配上透气的红陶盆,一株别致的办公室植物就这么诞生了,你还不马上行动吗?

葡萄风信子

冬季的球根植物里面有种非常可爱的小型球根植物，像串串葡萄连着的可爱小花，有铃兰一般娇小的外表，神秘的蓝紫色。它们开放时由下面开始一层一层地开上去，像一个个小铃铛一样地苏醒，是一种别致有趣的小花。

产地

小型球根植物，原产于欧洲中部。百合科蓝壶花属。开花时植株高约15~20cm，颜色有蓝色、紫色、白色等等。花朵密生，像串起的葡萄，所以也叫作葡萄风信子。每年四月前后开花。虽然名字叫葡萄风信子，但是它们和风信子完全属于不同的科属，所以习性上也有很多的不同之处。

播种要点

葡萄风信子原产于中欧。在我国,一般情况下都是在深秋时节种植,然后经过漫长的冬季,来年春天四月就能看到盛放的花朵。

种子的选择:因为是球根植物,所以在种球的选择上,必须要选择球体膨大饱满,没有斑点和霉点的健康种球。如果发现霉点,擦去霉点之后,用1000倍多菌灵溶液浸泡40分钟左右之后阴干即可。如果是自己在家收的头年种球,可以放进冰箱的冷藏室(注意是冷藏不是冷冻哦)。在八月份冷藏1个月左右即可提前开花的时间。

种植土壤可以选择肥沃、透气的腐埴土,也可以采用一般园土加入松散的粗砂和有机肥。球根植物入土的深度一般和球根的大小有关系。葡萄风信子属于小型球根,所以覆2~3cm的土即可,埋球之前加入有机底肥,如果只想种植一年也可以不加入底肥。把种球放入土中,把土盖上。种植好之后浇一次透水,让土与球根完全贴合,之后不到盆土干透就不用浇水,因为球根植物非常怕积水,积水容易烂球。

假植与定植

球根植物一般都是直接种,不需要定植。但是葡萄风信子可以用作林下地被,所以经常会被移盆。因为球根比较小,根系也相对来说比较小。所以移植比较简单,切记移植时候不要伤根,带土越多越好。

种植注意点

温度:最佳生长适温(日温/夜温)为10℃~20℃。葡萄风信子喜爱凉爽的天气,比较耐寒。秋季为花芽生长期,冬季为花芽分化期,春季为花朵开放期。期间不需要特别照料,只要注意不要积水即可。

生长的需光性和其他生长条件:

葡萄风信子喜爱阳光,可以略微耐半阴。如果光照不足,植株会徒长,茎叶细长且花茎过长容易倒伏,光照过长出现夹箭情况时,只要把植株放置暗处几天即可,时间不要过长。

排水

要求土壤排水要畅通,绝不可积水。最好不要淋雨,否则积水处会腐烂。

塑型

葡萄风信子因为花型娇小,密植、群植效果都比较好。期间注意花剑的长度,过短过长都会影响植株的美丽。最好是一起种植,可以保证开放的时间一致性。也可以作为风信子、郁金香的点缀花卉。在大型球根的旁边点缀小小的蓝紫色小花,整个盆栽会非常丰富而且美丽。开花时候移到阴凉处能稍微延长花期。

施肥

定植时,加入有机底肥即可,至开花都可以不再给肥,也可以每月施用一次淡淡的磷酸二氢钾。

浇水

浇水不宜多,因为通常球根种植都是用深盆,所以尽量做到干透再浇,避免积水。

病害防治

葡萄风信子虫害有蚜虫、介壳虫等,可用乐果按照说明喷洒杀除。

常见病害多为球根腐烂、软腐病等等,通常以预防为主。种植前将种球消毒和清洗,种植后每周可施用一次淡淡的多菌灵溶液。注意好浇水量,保持通风,一般可降低病害的发作。

扦插繁殖

葡萄风信子一般不扦插繁殖。

育种

当葡萄风信子花开后,种球因为消耗大量的养分而干瘪,此时应该及时剪去花剑,正常浇水,追施肥让球根尽快丰满起来。可每周补充一次淡磷酸二氢钾。到四月下旬逐渐减少浇水,五月下旬停止施肥。这时候叶子会逐渐发黄干枯,到六月可以彻底停水。停水 15 天后把种球挖出来,去掉根和叶子,阴凉处风干 10 天左右,用多菌灵溶液浸泡半小时左右,晾干后放置阴凉通风处即可。因为葡萄风信子种球比较小,所以用这个方法能让葡萄风信子种球进行足够的营养累积,以利于第二年的开花。

葡萄风信子育种一般多见于园艺公司,为了改善品种而进行播种繁殖。家庭种植一般不进行育种繁殖。

葡萄风信子是一种很讨人喜爱的小球根花卉,稍能耐半荫,所以也很适合在办公室种植。只要每天放在窗口接受 6 个小时以上的光照即可,配上白色的小瓷盆非常可爱。

大岩桐

大岩桐名字很大气，花型和名字却感觉略微有些不同。它们花型是有丝绒感的妩媚花朵，叶子也是很有质感的浓绿色的大叶，衬托天鹅绒般的花朵，是很有造型感的特色植物。

产地

原产巴西。苦苣苔科大岩桐属。大岩桐也是苦苣苔科中非常重要的一个分类。花拳头大，颜色艳丽而且色彩丰富。分为重瓣和单瓣，株形也有标准、迷你型等。

播种要点

大岩桐可以使用种子播种，或者使用侧芽或者叶片来进行繁殖，也可以分球根小球来繁殖。

种子的选择：种子可以购买也可以用自己繁殖的种子。

种子细小，可以直接播于介质上，也可以先泡 12 小时再直播。播种介质可以使用常用播种用土泥炭土、珍珠岩、蛭石以 1:1:1 的比例种植，尽量使用颗粒小的介质，以免种子发芽长歪不方便移苗。

一般春秋可播种，需光发芽，直播不用盖土。发芽温度为 18℃~21℃。一般 15天发芽。发芽后保温。阳台种植可用保鲜膜覆盖来保持湿度，湿度保持在 95%以上。注意盆土不要过于潮湿，保持排水通畅，否则比较容易烂苗。

假植与定植

待到当植株长出 4~6 片真叶时，开始从穴盘移出，不要待穴盘苗港根再移植。移苗注意不要伤根。移植到盆中时栽培深度与穴盘栽培时相同。定植时加入缓释肥。

移栽土壤介质可采用腐埴土、珍珠岩、蛭石 1:1:1 的介质，种植之前喷湿，以可捏成团又容易松开为标准。植株种下后轻压下土壤。之后不要喷水，待土壤干后再浇水。

种植注意点

温度：生长适温（日温/夜温）为15℃~25℃。温度太低叶片停止生长，温度太高植株容易腐烂。

生长的需光性和其他生长条件：

半阴性植物，需暖和气候。以每天8个小时散射光照射为宜。

排水

大岩桐非常怕积水，一定要保持排水良好，只要稍微有积水或者长期潮湿不干植株就会烂根。

塑型

大岩桐花型比较华丽富贵，如果想要得到满盆花团锦簇的效果，可以适当进行打顶促枝。早打顶多打顶能促使花苞多。

施肥

大岩桐喜肥，可以每周施用一次淡淡的有机肥水。有花苞后，施加磷钾肥。施肥时不要把肥水淋在叶子上，不然叶子容易生斑。

浇水

大岩桐特别要注意浇水问题。浇水要等干透再浇，不然大岩桐非常容易烂根，这个可以根据经验或者掂量盆土的多少来估计。浇水不要浇在叶子上，否则容易出现水斑，或者为了避免浇水在叶子上，可以使用在托盆里注水，然后坐盆的方式来浇水，浇水的同时可施用淡肥。

病害防治

大岩桐病害有叶腐病、白粉病等，可用多菌灵溶液掺在土中，千万不要喷在叶子上。

虫害多见螨虫和线虫，螨虫比较小，要通过放大镜才看见。如果发现叶片上毛变长，叶片畸形，就要检查是否有螨虫。可以使用螨虫清，按照说明使用即可。线虫可使用乐果稀释后贴根喷洒。

扦插繁殖

大岩桐的扦插繁殖可分为叶插、侧芽扦插、分球繁殖三种。

叶插扦插方法：

选择健康结实的叶片，叶柄2cm处用干净的刀片成45°斜切下来，晾干1个小时。等伤口收干，插入纯珍珠岩介质中。珍珠岩介质事先喷湿，不要留积水，让珍珠岩饱吸水分即可。蒙上保鲜膜保温保湿，每天要揭开通下风，一般两周左右可以生出治愈组织球根，长出4片叶子后可以定植。定植时候把小苗连根轻轻掰下来，放入定植介质中即可。

大岩桐繁殖力很强，即使把叶片剪成小块，也很快能生出治愈组织的小球根生长发芽。

侧芽扦插方法：

和叶插方法类似，等生根长出新叶即可定植。

扦插后的管理：

温度：插穗生根的最适温度为15℃~25℃，低于20℃时，插穗生根困难、缓慢；高于30℃时，插穗的剪口容易受到病菌侵染而腐烂，并且温度越高，腐烂的比例越大。

湿度：扦插后必须保持空气的相对湿度在75%~95%之间。必须通过喷雾来减少插穗的水分蒸发：在有遮阴的条件下，给插穗进行喷雾，每天3~5次，晴天温度越高喷的次数越多，阴雨天温度越低喷的次数则少或不喷。但过度地喷雾，插穗容易被病菌侵染而腐烂，因为很多种类的病菌就存在于水中。

光照：放在有日光散射处就可以。

分球法：

可把挖出的球茎切成2~3块。每块上面保持1个以上的芽。在伤口上涂上草木灰防止细菌入侵。单独拿出栽种，很快能重新长出一盆。

育种

大岩桐开花后可以进行人工授粉，授粉之后到种子成熟之间的时间要大约1个多月时间。种子细小。

大岩桐在苦苣苔科植物中属于比较容易养植的一类，而且花型华丽优美，非常有视觉效果，株形也很适合放在案台之类的地方，阳台、居室、书房也都很适合摆放。

风信子

巧合的是，我的生日花就是风信子。我曾经望文生义地以为名字这么轻灵的植物一定是一种蓝色的小小的花，后来在花市看到这个如同洋葱一样的球根被老板叫作“风信子”的时候震惊了。买回家种到开花我才发现，花果真是小小的，不过是上百朵小小的花聚在一起，成为一株十分具有气场的美丽植物，且香气浓郁，一整个房间都充满了风信子的馥郁香气。风信子的花语是：“只要点燃生命之火，便可同享丰盛人生。”非常符合那上百朵小花的姿态。就如花语所说，因为那无数个体的生命之火，成就了一棵风信子的热烈盛放。

产地

球根植物，原产于东南亚、西亚。约在16世纪传到了荷兰，在荷兰发扬光大。荷兰培植出了各色颜色斑斓的风信子品种，成为风信子的主要输出国。风信子名字起源于希腊神话中被阿波罗眷爱、在铁饼游戏中被掷中额头丧生的美少年Hyacinthus，我国直译为风信子。风信子原属于百合科，现在已经划到了单独的风信子科。

播种要点

风信子作为著名的冬季开花花卉，在我国，一般情况下都是在深秋时节种植，然后经过漫长的冬季，来年春天能看到盛放的花朵。也可以人为进行低温催芽，使其在春节时候开放，为春节增添一些节日的气氛。

种子的选择：因为是球根植物，所以在种球的选择上，必须要选择球体膨大饱满，没有斑点和霉点的健康种球。如果发现霉点，擦去霉点之后，用1000倍多菌灵溶液浸泡40分钟左右之后阴干即可。一般是什么颜色的花，种皮也会接近于那个颜色。比如紫色、深红色的风信子球根种皮颜色就接近深色，白色、粉色则接近于白色。不过最近有些杂交的新品种问世，则让这个规则有些含糊不清，购买时向供应商问清楚为好。

购买的时候风信子会分为自然球与5度球，所谓自然球就是没有经过低温处理的球。而5度球则是实现帮你在低温环境中处理过，体内花芽分化的比较快的球根。如果希望能早些看花的朋友可以挑选5度球。

如果是自己在家收的头年种球，可以放进冰箱的冷藏室(注意是冷藏不是冷冻哦)。冷藏1个月左右即可提前开花的时间。

种植土壤可以选择肥沃、透气的腐埴土，也可以采用一般的园土加入松散的粗砂和有机肥。球根植物入土的深度一般和球根的大小有关系，所以开始种植的时候盆土加入一半的土即可。加入有机底肥，如果只想种植一年也可以不加入底肥。把种球放入土中，把土盖上，最后把风信子尖露出一点。也可以不露尖，露尖能看清发芽情况。露尖之后再往上培土。培土约5cm，因此建议用深盆来种植。

种植好之后浇一次透水，让土与球根完全贴合，之后不到盆土干透就不用浇水，因为球根植物非常怕积水，积水容易烂球。

假植与定植

球根植物一般都是直接种，不需要定植。

家庭种植风信子还有个很有名的方法——水培。水培的风信子比较干净，第一年开花和土培的没有大的差别。唯一的缺点是水培的风信子由于养分消耗过大，来年基本就看不到花了，只有一年的看花期。

水培的方法：找一个瓶口直径约5~8cm，瓶身高20cm以上的透明瓶。瓶子最好事前沸水冲下消毒。放凉后装入清水，清水稍微碰到球底即可，放入黑暗环境中静待发根。长出根之后可以逐渐见太阳。开始一天见两个小时，慢慢过渡到全天见光。期间要小心种球，不要让种球霉变腐烂，如发现霉斑，用布擦掉。这期间 3~4 天要换一次干净的水。一般来说，水培要比土培的开花快一些。

种植注意点

温度：最佳生长适温（日温/夜温）为 5℃~20℃。风信子喜爱凉爽的天气，秋季为花芽生长期，冬季到春季为花朵开放期。期间不需要特别照料，只要注意不要积水即可。

生长的需光性和其他生长条件：

风信子喜爱阳光，必须阳光充足，对植株生长十分有利。如果光照不足，植株会徒长，茎叶细长且花枝过长容易倒伏，光照过长出现夹箭情况时，只要把植株放置暗处几天即可，不要时间过长。

排水

要求土壤排水要畅通，绝不可积水。最好不要淋雨，否则雨水积水处会腐烂。如果碰到雨天可以把盆侧放以排除积水。

塑型

风信子可以密植，群植效果比较好。期间注意花剑的长度，过短过长都会影响植株的美丽。

施肥

定植时加入有机底肥即可，至开花都可以不再给肥。

浇水

浇水不宜多，因通常球根种植都是用深盆，所以尽量做到干透再浇。避免积水。

病害防治

风信子少见虫害，一般以病害为主。常见病害多为生芽腐烂、软腐病等等，通常以预防为主。种植前将种球消毒和清洗，种植后每周可施用一次淡淡的多菌灵溶液。注意好浇水量，保持通风，一般可降低病害的发作。

扦插繁殖

风信子一般不扦插繁殖。

育种

当风信子花开后，种球因为消耗大量的养分而干瘪，此时应该及时剪去花剑，正常浇水、追施肥让球根尽快丰满起来。可每周补充一次0.2%磷酸二氢钾。到四月下旬逐渐减少浇水，五月下旬停止施肥，这时候叶子会逐渐发黄干枯，到六月可以彻底停水。停水15天后把种球挖出来，去掉根和叶子，阴凉处风干10天左右。用多菌灵溶液浸泡半小时左右，晾干后放置阴凉通风处即可。

值得指出的是，风信子原产地气候和我国气候的不一致。风信子原本用于复球的花后时间，在我国正好是气温大幅度攀升的时期，阻碍了风信子的花后修复，所以在我国即使第二年能够开花，花序也会变小，花朵会稀疏，而且年年退化，所以风信子种球以当年买的种球为佳。

风信子育种一般多见于园艺公司，为了改善品种而进行播种繁殖。家庭种植一般不进行育种繁殖。

无论在国内还是国外，风信子都是非常受人喜爱的花卉。国外有非常多的神话故事和美丽的风信子有关，为其增加了一层奇幻的色彩。风信子花美且浓香，而且栽培简单易行，是非常好的上手品种。

番红花(藏红花)

小时候,我迷恋某一款角色扮演游戏。游戏里有个角色是里斯本的少年,经常拉着里斯本的藏红花,也就是番红花,去世界各地做生意。因为藏红花的昂贵,他经常赚得盆满钵满。从那时起,番红花昂贵的印象就一直深刻在我的脑海里,直到现在看见它,依然觉得它是高贵财富的象征。后来,我看到它的种球出售便毫不犹豫地买了,果然花开没有让我失望,虽然小但是绚烂夺目,是冬季最引人注目的花卉之一。

产地

原产地中海地区,分布于欧洲、中亚等地。属亚热带植物。我国明朝时期就引进过。鸢尾科番红花属。最有名的在于其花心,是非常名贵的香料和中药材。

播种要点

番红花是一种球根植物。顾名思义,它是靠种球分裂来进行繁殖。

种球的选择:选择饱满,没有霉变、虫蛀的健康种球。种球直径大于3cm,当年可见花。小于3cm需要养护一年之后长成大球,才可成为开花球。

每年九月中旬至十一月把球茎栽种土中。土壤要翻松,施入底肥。把球茎放在土上,间隔2cm左右。然后覆土,球茎的覆上厚度与球茎本身的大小有关。球茎越大,覆土越厚。番红花的球根大小一般覆土5cm即可。覆土之后浇一次透水即可,放置于荫凉处等待发芽。如果怕掌握不好会烂球,可以尝试以下的方法:

覆土时不要盖满,露出芽尖,等到发芽再陆续把土填上,始终露出芽头。直到球上土厚度达到5cm。此法比较麻烦,但可以保证种球透气不会在土中腐烂。

待到花谢之后继续浇水上肥,天气渐热逐渐减少。直到地面叶子枯黄即可停止浇水,挖出种球放阴凉处保存,也可以不挖出来,放土中等待秋季继续萌发新叶。但中间千万不能浇水,高温会使种球烂根。

假植与定植

番红花属于球根,移植容易伤根。一般不需要移植。

种植注意点

温度:生长适温(日温/夜温)为20℃~-5℃。

生长的需光性和其他生长条件：

全日照，需高光和湿润环境。番红花对阳光及其敏感。开花期如果没有阳光就含苞不开，早开晚闭，所以从出芽开始就要给予长时间的光照。

排水

球根植物非常怕积水，积水会导致多种疾病以至于烂球根，所以基本都要求排水通畅、通风好的环境。

塑型

番红花适合群植，密度高，花色一齐开放的时候效果惊人。

施肥

施肥对于番红花非常重要。

种植的第一道肥是上盆时候的底肥，可以施用腐熟的鸡粪肥和一些过磷酸钙。

第二道是花苞出现后的一次速效磷肥，可以促进花朵大而且颜色鲜艳。

第三道花谢后要追加有机肥水，以腐熟的饼肥水为佳，这是为了促进小球的繁殖。

浇水

必须等干透再浇水,不能有积水。为了增加湿度可采取叶面喷雾,以不滴落为准。

病害防治

番红花的病害主要有腐败病、花叶病等,大部分都是因为过湿引起的,所以浇水时要注意。治疗办法:可用石灰撒于土表,然后用多菌灵或者百菌清稀释液喷洒全株。切记通风。

虫害有蚜虫、蝼蛄等。1000倍的乐果稀释液可有效杀灭。

扦插繁殖

番红花一般不采用扦插来进行繁殖。

育种

番红花的育种指的就是繁殖小球。

最后一茬花败后,追施有机肥来促进小球的成长,期间要给予充分的光照。到五六月份地上部分全部枯萎之后挖出,剪去根系,把大球与小球按照大小分开。直径3cm以上的球来年可开花,小于3cm的球必须要再养植一年方可见花。

番红花也是有种子的,但是必须通过人工授粉才能取得。种子成熟后马上播种,一般从种子开始要等三年以上才能看到花。播种繁殖没有分球繁殖快速,一般很少采用。

家庭种植番红花,往往能得到极大的惊喜。番红花花大且颜色多而艳丽,群植效果出众。新年时候的开花期也是非常得人缘,因为冬天能开花的植物并不多,番红花成为这段时间的首选花卉。

郁金香

说起郁金香,人们首先想起的一定是荷兰。荷兰是郁金香王国，每年春天满山遍野都是五彩缤纷的郁金香,相信每个人都曾经幻想过那片美丽的情景。郁金香钟形的花朵,华丽的颜色得到很多追捧,也是我每年深秋必定要种植的品种之一。

产地

球根植物,原产于土耳其,也有说原产于我国青藏高原的。16 世纪传到了荷兰,在荷兰发扬光大。荷兰培植出了各种色彩形态的郁金香品种,现在已经成为世界著名的郁金香之国。由于国内很多花友的喜爱和园林用途,我国每年要从荷兰进口大量的郁金香。郁金香属于百合科郁金香属,是一个品种数目非常庞大的种类。

播种要点

郁金香是著名的球根植物,在每年冬季到初春时节开花,在我国一般情况下都是在深秋时节种植,然后经过冬季的低温,来年春天能看到盛放的花朵。想使其在春节时候开放,也可以人为进行低温催芽。

种子的选择:因为是球根植物,所以在种球的选择上,必须要选择球体膨大饱满,没有斑点和霉点的健康种球。如果发现霉点,擦去霉点之后,用 1000 倍多菌灵溶液浸泡 40 分钟左右而后阴干即可。郁金香的球根会有一层黑色的膜保护球根。膜是保护球根种植的,但是膜也会妨碍种球生根,所以种植的时候把生根处附近的膜去掉一些即可。整个剥去的话球根比较容易生霉得病害。

购买的时候,郁金香会分为自然球与 5 度球,所谓自然球就是没有经过低温处理的球。而 5 度球则是帮你在低温环境中处理过、体内花芽分化得比较快的球根。如果希望能早些看花的朋友可以挑选 5 度球。

如果是自己在家收的头年种球,可以放进冰箱的冷藏室,注意是冷藏不是冷冻哦。冷藏 1 个月左右即可将花期提到春节时期。

种植土壤可以选择肥沃、透气的酸性腐埴土,也可以采用一般的园土加入松散的粗砂和有机肥。球根植物入土的深度一般和球根的大小有关系。郁金香种球的大小覆土 3~5cm 即可,种植前加入有机底肥。把种球放入土中,把土盖

上，所以建议用深盆来种植，以利于根系的舒展。种植好之后浇一次透水，让土与球根完全贴合。之后不到盆土干透就不用浇水，因为球根植物非常怕积水，积水容易烂球。上完盆之后放阴凉处待叶子长出再逐渐见阳光。

假植与定植

球根植物一般都是直接种，不需要定植。

种植注意点

温度：最佳生长适温（日温/夜温）为8℃~20℃。郁金香喜爱凉爽的天气，耐寒。秋季为花芽生长期，冬季为花芽分化期，到春季为花朵开放期。期间不需要特别照料，只要注意不要积水即可。

生长的需光性和其他生长条件：

郁金香喜爱阳光充足，稍稍耐阴。但是如果光照不足，植株会徒长，茎叶细长且花枝过长容易倒伏。

排水

要求土壤排水要畅通，绝不可积水。最好不要淋雨，否则雨水积水处会腐

烂。如果碰到雨天可以把盆侧放以排除积水。

塑型

郁金香群植效果比较好。期间注意花剑的长度,过短过长都会影响植株的美丽。

施肥

定植时加入有机底肥即可,至开花都可以不再给肥。如果有需要,可以在花蕾期间追施淡淡的磷酸二氢钾,促进花色艳丽。

浇水

浇水不宜多,因为通常球根种植都是用深盆,所以尽量做到干透再浇。避免积水。但在现蕾期间要保证水分的供给,不然花多不能正常生长,影响开花。

病害防治

郁金香少见虫害,一般以病害为主。

常见病害多为球根腐烂、软腐病等等,通常以预防为主。种植前将种球消毒和清洗,种植后每周可施用一次淡淡的多菌灵溶液。注意好浇水量,保持通风,一般可降低病害的发作。

扦插繁殖

郁金香一般不扦插繁殖。

育种

通常采用分离小球的方式进行繁殖。

当郁金香开完花之后,会在母球上生出很多个小球。母球的营养全部供给小球,但是由于郁金香开完花之后的五月,我国大部分地区的气温会大幅上升,植株很快会进入休眠期,小球不能进行很好的营养累积,所以在我国家庭种植中小球很难养成开花球,建议还是每年购买新的种球为好。

郁金香育种一般多见于园艺公司,为了改善品种而进行播种繁殖。家庭种植一般不进行育种繁殖。

郁金香的美丽不用多说,一盆之中种植 3~5 个同样花色的郁金香。开放的时候就能感受到浓浓的荷兰风情。不用远渡欧洲,我们在家就可以做到。

洋水仙

我从小就热爱水仙花，每年冬季开始的时候家里都会种上一盆，放在椭圆形浅盆里，上面铺上洁白的鹅卵石，不久之后长出洁白的根须，再配上翠绿的叶子，格外冰清玉洁。等到春节小小的水仙花开了，香气扑鼻，花瓣晶莹，嫩黄的芯真是娇弱惹人怜爱，是我的心头好。

后来，我看到洋水仙的时候吃了一惊，好像那小小的水仙忽然醒来的感觉，虽然健美多了，但是晶莹的花瓣和嫩黄的芯子还是没有变。我迫不及待地买了两棵，它们确实不让我失望，开出了让人惊艳的美丽花朵。

产地

球根植物，原产于地中海沿岸地区。属于石蒜科水仙属。威尔士国花。我国气候不适宜培植洋水仙，多以进口为主。常见颜色以黄白为主，也有黑色，但是我国很少见。

播种要点

洋水仙是冬季开花花卉，在我国一般情况下都是在深秋时节种植，然后经过漫长的冬季，来年春天能看到盛放的花朵。如果在种植之前进行低温处理，可以提前开花的时间。

种子的选择：因为是球根植物，所以在种球的选择上，必须要选择球体膨大饱满，没有斑点和霉点的健康种球。如果发现霉点，擦去霉点之后，用 1000 倍多菌灵溶液浸泡 40 分钟左右而后阴干即可。

购买的时候需要问清楚是否有经过低温处理，如果不是，或者是自己在家收的头年种球，可以放进冰箱的冷藏室(注意是冷藏不是冷冻哦)。冷藏 1 个月左右即可打破种球的休眠，再种植就比较容易开花。

种植土壤可以选择肥沃、透气的腐叶土，也可以采用一般的园土加入松散的粗砂和有机肥。球根植物入土的深度一般和球根的大小有关系，洋水仙一般在种球上方培土约 5cm 即可，种植之前加入有机底肥。建议用深盆来种植，以利于根系的舒展。

种植好之后浇一次透水，让土与球根完全贴合，之后不到盆土干透就不用浇水。因为球根植物非常怕积水，积水容易烂球。要时刻关心盆土的干湿情况，如果盆土很干可以再浇一次水。

洋水仙也有种子，但是家庭用种子繁殖需要4~5年的时间才能够开花，所以家庭很少采用这种方法繁殖。如果有兴趣，采收种子后可以在九月中旬进行播种。播种土可以采用一般的播种用土。第二年春夏能生长出小球根，之后进入正常的养护，直到开花。

假植与定植

球根植物一般都是直接种，不需要定植。

种植注意点

温度：最佳生长适温（日温/夜温）为10℃~20℃。因为原产于地中海地区，所以洋水仙喜爱凉爽的天气，秋季为生长期，冬季到春季为花朵开放期。期间不需要特别照料，只要注意不要积水即可。但切记洋水仙不耐特别寒冷的天气，不要长期让它处在零下的温度里面。长期寒冷会让洋水仙生长迟缓，花茎缩短。

生长的需光性和其他生长条件：

洋水仙喜爱阳光，必须阳光充足，对植株生长十分有利。如果光照不足，植株会徒长，茎叶细长且花枝过长容易倒伏。每天至少要保证8个小时的光照时间。

排水

要求土壤排水要畅通，绝不可积水。最好不要淋雨，否则雨水积水处会腐烂。如果碰到雨天可以把盆侧放以排除积水。

塑型

洋水仙可以密植，群植效果比较好。单株种植可以采用小孔径深盆，可以让

植株看起来亭亭玉立，脱俗出尘。

施肥

定植时加入有机底肥。每周两次氮磷钾液肥。注意液肥浓度不宜过重，否则球根容易腐烂。

浇水

浇水不宜多，因为通常球根种植都是用深盆，所以尽量做到干透再浇，避免积水。

病害防治

洋水仙少见虫害，一般以病害为主。

常见病害多为球根腐烂、灰霉病等等，通常以预防为主。种植前重视种球的消毒和清洗，种植后每周可施用一次淡淡的多菌灵溶液。注意好浇水量，保持通风，一般可降低病害的发作。

扦插繁殖

洋水仙一般不扦插繁殖。

育种

当洋水仙花开后，种球因为消耗大量的养分而干瘪。此时应该及时剪去花剑，正常浇水，追施肥让球根尽快丰满起来。可每周补充一次磷酸二氢钾。到四月下旬逐渐减少浇水，五月下旬停止施肥，这时候叶子会逐渐发黄干枯，到六月可以彻底停水。停水 15 天后把种球挖出来。去掉根和叶子，阴凉处风干 10天左右，用多菌灵溶液浸泡半小时左右，晾干后放置阴凉通风处即可。

值得指出的是，因为洋水仙原产地气候和我国气候的不一致。家庭条件下种球很难恢复到开花球的大小，所以洋水仙种球以当年买的种球为佳。

洋水仙在花开后会生长出大小不一的小种球，有兴趣的话可以把小种球掰下另外种在小盆中进行培植，大约几年后能长成开花大球。

洋水仙育种一般多见于园艺公司，为了改善品种而进行播种繁殖。家庭种植一般不进行育种繁殖。

洋水仙在国外非常受人喜爱，其清丽的颜色与花型象征纯洁与高尚，是居家种植非常好的选择。

小苍兰

开始的时候,我一直以为它的名字是香雪兰。它不仅拥有非常动听的名字,而且是散发香气的雪白兰花。后来我才知道,原来它的学名叫作小苍兰,不仅有雪白,还有深红、金黄、粉紫等等很多颜色,大都有香气。但我还是喜欢叫它香雪兰,为了最初的对它的好感。

产地

多年生的球根植物,原产于非洲。鸢尾科香雪兰属。花期一般在春节前后。颜色丰富,香气袭人。叶子似国兰,花似洋兰,完全结合了二者的优势。品种强健,特别能繁殖小球。

播种要点

小苍兰一般是在冬季春节前后开花,所以我们会选择九月高温已经过去这一段时间进行播种。当然可以根据需要调整播种期,但是最好不要晚过十月中旬,最早不要早过九月。如果想连续看花可以选择错开时间播种,这样基本能从春节前后看花到初夏时节。

种子的选择:因为是球根植物,所以在种球的选择上,必须要选择球体膨大饱满,没有斑点和霉点的健康种球。小苍兰的种球因为有种皮包裹,所以存在阴凉通风处的种球一般不太容易生霉。种植之前用1000倍多菌灵溶液浸泡30分钟后晾干。

小苍兰种植之前不需要经过低温处理,直接种植就可以。如果拿不准种植时间,还有个小窍门:小苍兰种球有个特性,温度达到适宜种植的时候根部会自动萌发,所以到九月可以经常检查球根,如果看见底部有凸起,说明小苍兰在提醒你可以种它喽!

一般球根植物我们都选择深盆种植,有利于根的伸展。种植土壤可以选择肥沃、透气的腐埴土,也可以采用一般的园土加入松散的粗砂和有机肥。

种植顺序如下:首先放透气的粗植料土。接着放入稍细些的土,放到盆的接近1/2处。记得土内要混合一些杀菌剂,随后放入一些有机肥,再撒上细细的一层土。然后把球根一个个放入,根部朝下,间距2cm即可,最后填土把球根盖起来。

种植好之后浇一次透水,让土与球根完全贴合,然后放置阳光晒不到的通风处。如果不是非常干燥的城市,到出苗之前不需要再浇水。因为球根植物非常怕积

水，积水容易烂球。大约两周左右就会萌发出小芽，等小芽出齐再逐步见阳光。

见阳光后，可以把盆放到室外接受全光照。霜冻之前拿进室内即可，否则叶子徒长，株形难看。

需要说明的是为何把土只填到 1/2 处。这是因为小苍兰茎叶细长，容易倒伏，留下填土的空间来为将来填土塑形做准备。

假植与定植

球根植物一般都是直接种，不需要定植。

种植注意点

温度：最佳生长适温(日温/夜温)为 5℃~25℃。小苍兰喜爱凉爽的天气，只要温度不到零下都可以放室外露天放置。

生长的需光性和其他生长条件：

小苍兰喜爱阳光，必须阳光充足，对植株生长十分有利。如果光照不足，植株会徒长，茎叶细长且容易倒伏，阳光严重不足时，开花延迟，花朵瘦小，甚至不开花。

生长期间出现微量焦尖叶可以直接剪去。

排水

因为小苍兰是球根植物，所以要求土壤排水要畅通，绝不可积水。否则球根

会腐烂。最好也不要淋雨,除非土壤排水功能极好。如果碰到雨天可以把盆侧放以排除积水。

塑型

小苍兰可以密植(我建议密植)。群植效果比较好。小苍兰的茎叶非常容易倒伏,矫正方法即前面所说的,在种植期间就留下空间来填土支撑茎叶,或者为茎叶搭建支架来。具体方法如下:找 2~3 根杆子,大约30~40cm 高即可,沿花盆边等距插入土中,用塑料绳绕支架把茎叶围在中间即可。

施肥

定植时加入有机底肥,至开花都可以不再给肥。开花后剪去花枝,再每周浇一次氮磷钾肥,促进小球分化膨大。

浇水

浇水不宜多,因为通常球根种植都是用深盆,所以尽量做到干透再浇,避免积水。

病害防治

小苍兰的虫害有蚜虫和介壳虫,一般以乐果 500~1000 倍液喷杀。

常见病害多为菌核病、花叶病等等,通常以预防为主。种植前将种球消毒和清洗,种植后每周可施用一次淡淡的多菌灵溶液。注意好浇水量,保持通风,一般可降低病害的发作。如果已经发病,先用乐果喷洒消除传播害虫,在喷施甲基托布津或者多菌灵溶液,具体稀释度请看产品背后说明。

扦插繁殖

小苍兰一般不扦插繁殖。

育种

小苍兰的育种比较简单。等花开之后剪去花剑,正常浇水施肥。四五月开始渐渐减少,五月之后停止施肥,六月停止浇水,等叶子全部枯黄即可翻盆把种球拿出来。会出现大球和小球,直径 2cm 左右的球当年秋天种,次年可以看花。小球第二年看不到花,必须要养 1~2 年成大球才可以。

小苍兰是种常用的切花和花艺的常用花卉。香气甜美,花开艳丽,能为春节增添很美好的气氛,而且繁殖容易,不出意外的话,拿到一次种球可以年年种,年年开,年年收种球,周而复始。从这个角度说,又是一种非常经济的花卉。像这样美丽芬芳又经济的植物,你是不是也动心了呢?

生石花

来我家玩的人，参观完阳台之后总会问我："为什么在架子上放一排小石子呢？这时候，我就逗他们："因为这个石子是活的呀。"看到他们狐疑的神色，我再仔细地给他们看，那些脸上恍然大悟的样子真是非常有趣。这种伪装成石子的植物，就是我们下面要说的生石花啦。因为太像石子了，所以花友们也简称它做石头。

产地

原产南非及周边一带，因为外形像石子所以被叫作生石花，这种伪装成另一种物质的状态称之为"拟态"。自然界中的植物拟态不算太多，生石花是其中常见而且比较典型的一种。生石花平时只有两瓣肉肉的叶子，叶子顶部平，两瓣叶子中间有一条缝，开花和结种就是从缝中生长出来。

播种要点

生石花的种子极其细小，所以播种的时候均匀撒在介质上即可。

播种介质可以如下配置：容器 15~20cm 口径左右，底层铺一层泡沫，然后 3~5cm 左右的粗植料，再铺 1~2cm 厚的泥炭土加珍珠岩。表层铺一层薄蛭石，种子撒在蛭石上即可，然后用喷壶喷雾喷湿，蒙上保鲜膜保温保湿，保鲜膜上戳一些洞来保持空气流通。

切记浇水要用喷雾，否则种子会被冲走。

种子新鲜的话 7 天左右即可发芽。发芽之后，可以缓慢逐渐接受日照，待三周之后，可以用 1%左右的淡氮磷钾液肥均匀喷雾来补充肥料。

定植

小苗播种后的第二年秋天可以进行分苗定植。

轻轻把小苗提出，稍微把须根剪去一些，随后放进草炭颗粒加粗植料的介质中，然后进入正常养护阶段。

种植注意点

生石花的拟态形成的原因是因为生石花所生长的环境原来是在干旱地区的石缝中。在高温干旱的季节，生石花休眠会缩进石缝中，为了防止被天敌吃掉，慢慢发展成为石头的样子，等雨季来临就会抓紧时间生长繁殖。生石花的

基本种植注意点就是这个。夏冬为休眠期，春季蜕皮，秋季开花结种。

温度：生长适温（日温/夜温）为18℃~28℃。当冬季低过5℃时会因冻伤而死亡。夏季超过33℃时会自行休眠，春秋季可以阳光直射，所以冬季应放于室内，夏季要适当采取降温的方法。

生长的需光性和其他生长条件：

非常喜爱阳光的植物。春秋季生长期要多晒阳光，适时浇水，促使植株快速生长。最怕积水，积水极其容易烂根。

生石花每年冬季过后会蜕皮，蜕皮是生石花生长壮大的标志。蜕皮时候原来的两瓣叶子会逐渐枯萎，新叶子从中间长出。这个时候切记不要动手去剥老叶子。因为在老叶子没有完全枯萎之前新叶子是不完全的，一旦剥了植株必死无疑。等老叶枯萎、新叶完全长成之后，可以直接放阳光下接受直射。在蜕皮期禁止往植株上浇水，否则容易烂。

秋季是生石花的开花季节。开花的时候，花朵从中间的缝长出。花朵能够把整个植株盖住，形似五彩菊，非常的斑斓美丽。

排水

排水非常重要。可用草炭颗粒加上植金石等粗植料作为种植介质，浇水之后可以让水很快排出。一旦积水或者水排得较慢，立刻就会烂根，

这是种植生石花最重要的一点。

塑型

生石花通常只有两个叶瓣，所以所谓造型和种植的容器会有很大的关系。生石花因为其拟态的特殊形态，加上叶瓣颜色丰富，可以拿来做一些小型盆景的点缀。也可以群植，群植之后开花时期五彩缤纷，绚丽无比。

施肥

一般情况下在春秋两季进行施肥。施一次肥之后下一次施一次清水，避免肥害。干透再浇，室内养护时期浇水间隔期还可以适当延长。夏季浇水适当减少，以免水加上高温对根部产生损害，避免中午高温时浇水。夏季休眠期可以停止施肥，冬季肥水也要减少，尽量在一天中气温较高的时候进行。温度零下时逐渐停止浇水施肥。

浇水

夏季休眠，初夏开始逐渐减少浇水，酷夏时期停止浇水。温度低过30℃开始逐渐恢复浇水，冬季减少浇水。

病害防治

生石花的病害不多，家庭种植最值得注意其实是浇水问题。

病害方面主要是叶腐病，可用多菌灵或者代森锌按背后说明的浓度喷洒。

防止蚂蚁、线虫和鸟类。蚂蚁和线虫会啃食生石花的根，可在种植之前把介质放进微波炉微波杀虫。鸟类和鼠类会啃食叶肉，可放在室内阳光处来避开。

扦插繁殖

生石花只有两瓣叶子，一般不用扦插繁殖。

育种

生石花在花开之后会结出种荚。种荚成熟后可摘取下来，放阴凉干燥处保存，等待秋季可进行播种。

生石花是非常有意思的拟态植物。春季可以看它蜕皮生长的过程，夏季和冬季基本粗放管理。秋季最美，花开艳丽而且能收获种子。虽然它常常被人误认作小石子，但是能带给我们其他花卉所不能带来的乐趣。

矮牵牛

如果你希望开始养花就能养出阳台缤纷满园的效果，那么我的第一推荐一定是矮牵牛花。矮牵牛，顾名思义，矮矮的牵牛。其实和牵牛花并不属于同一类，但是由于花型有些相似，被人称作矮牵牛。矮牵牛是最能够开成花球和花瀑布的花种之一。春天时候一团团如云霞的美丽花球，真是如梦如幻。

产地

原产南美洲。茄科矮牵牛属。花形状众多，有单瓣、重瓣之分。颜色种类非常丰富，基本涵盖常见的各种颜色，还有条纹、双色等等，直立垂吊皆有。花开似喇叭花。花量丰富，容易出效果。

播种要点

种子的选择：矮牵牛种子可分为F一代和F二代。F一代是杂交的第一代种子，性状保持稳定；F二代是杂交第二代，性状不稳定，花开出来和F一代可能会产生比较大的差异，所以最好是选用F一代种子。种子保存的时间越长，其发芽率越低。选用籽粒饱满、没有残缺或畸形，以及没有病虫害的种子。一般可以选择信誉较好的店购买，因为已经是普及型的花卉，比较容易买到。

F一代种子外面包有发芽必需的元素，可以直接播于穴盆中。春播秋播皆可，种子需光发芽，可以直播土在土上，不用盖土。发芽温度为18℃~23℃，一般4~7天发芽。阳台种植可用保鲜膜覆盖来保持湿度。家庭种植一般泥炭土加珍珠岩即可作为播种土，播种土加入少量杀菌剂或者高锰酸钾进行消毒。

发芽后生长迅速，切记浇水要适量。盆土干后或者盆轻再浇。

假植与定植

待到当植株长出5~6片真叶时开始从穴盘移出。移苗注意不要伤根，可在穴盆底部轻轻一捏，土和植株就能轻易取出。矮牵牛根系较为发达，但也请小心不要伤根。

因为矮牵牛通常作为花球或者花瀑布来做造型，所以从穴盆移苗出来后最好再进行一次假植。假植到大约5~10cm口径的盆中，可少量加入有机肥打底。10片叶子以上可以进行定植。

定植时20cm口径的盆可栽2~3棵。加入有机底肥、骨粉和多菌灵可促进生长，生长超过15cm可以进行打顶摘心。进口品种的分枝性比较强，可以不打顶。

种植注意点

温度：最佳生长适温（日温/夜温）为10℃~25℃。当温度超过30℃时，应适当遮阴并叶面喷水降温。放置阴凉通风且没有阳光直射处。要经常检查植株，如发现有枝干发黑，要果断把发黑的枝干剪掉，以免传染其他枝干。

生长的需光性和其他生长条件：

春秋季全日照，需暖和气候。喜长时间光照，但是不能烈日下暴晒。春秋天可以室外放置。夏天需移至阴凉通风处。冬日保暖。自然条件下，九月播种，在次年四月即可开花。

排水

要求土壤排水要畅通，绝不可积水，如积水叶片发黄脱落。最好不要淋雨，矮牵牛不耐雨淋，雨季要把盆放进室内。

塑型

矮牵牛花量丰富，最适宜拿来制造花球、花瀑布等造型。在生长期可以按照自己的喜好不停地打顶掐尖，直到株型长成自己最满意的造型，然后静待花开，很快会给你惊喜。

施肥

矮牵牛喜肥，定植时要加入有机底肥和骨粉。花芽出现时，每两周加施一次磷肥。每周施用一次200~300ppm全效氮肥，施肥时确保施肥彻底。灌溉应注意浇透，以防土壤盐化。后剪去花枝，可以促进新枝继续开花。越冬温度在7℃以上。

浇水

浇水可等干透再浇，浇水可同时施用淡肥。矮牵牛叶子多，蒸发量大，浇水最好每天进行一次，保持土壤排水通畅，不可积水。夏季可以喷雾来进行降温。

病害防治

病害多见花叶病和茎枯病，可用多菌灵溶液按说明喷洒。平时还是以预防为主，注意光照与通风，也可以在定植时事先在土中加入多菌灵拌匀来预防。

虫害多见红蜘蛛和蚜虫，可用乐果按说明稀释喷洒。红蜘蛛也可进行叶面喷水来防治。

扦插繁殖

矮牵牛非常适宜进行扦插繁殖。每年修枝所剪下的枝条可用来扦插。

扦插方法：

扦插枝条的选择：一般选择一年生的强壮枝条，过于嫩的枝条不适宜进行扦插。选择春秋季进行扦插比较适宜，尽量避免夏季的扦插。

进行扦插时，在春末至早秋植株生长旺盛时，选用当年生粗壮枝条作为插穗，每一枝带两片以上的叶子。把枝条剪下后，风干一会，待伤口收缩。期间贮备干净的沙土或者泥炭土加珍珠岩1:1，加入多菌灵，稍湿润不要潮湿。把枝条插入其中3cm左右，放阴凉处静待生根，一般两周左右即可发芽。为了方便观察生根情况，建议使用透明一次性杯子进行扦插。等到能看到根系，就说明扦插成功。根系 5cm 左右即可进行定植。

扦插后的管理

温度：插穗生根的最适温度为 15℃~25℃，低于 15℃时，插穗生根困难、缓慢；高于 30℃时，插穗的剪口容易受到病菌侵染而腐烂，并且温度越高，腐烂的比例越大。扦插后遇到低温时，保温的措施主要是用一个透明的盖子把植株带起来保湿保温。透明盖子可用饮料塑料瓶剪去一半来使用。扦插后温度太高时，降温的措施主要是给插穗遮阴，要遮去阳光的 50%~80%，同时，给插穗进行喷雾，每天 3~5 次，晴天温度较高喷的次数也较多，阴雨天温度较低温度较大，喷的次数则少或不喷。

湿度：扦插后必须保持空气湿度。插穗生根的基本要求是，在插穗未生根之前，一定要保证插穗能够进行光合作用以制造生根物质，所以要带叶扦插。但没有生根的插穗是无法吸收足够的水分来保证自身需要，因此，必须通过喷雾来减少插穗的水分蒸发：在有遮阴的条件下，给插穗进行喷雾，每天早晚两次。但是不要让介质过于潮湿，否则容易腐烂。

光照：扦插好的植株放于阳光漫散射处。光照太强，植株水分蒸发过快。可喷雾来缓解蒸发。光照太弱，不能充分进行光合作用。

育种

矮牵牛是自花结种。但如果使用的是 F 一代种子播种，结出的种子就属于 F 二代。F 二代种子性状不稳定，开出的花可能会变异，没有 F 一代漂亮。

矮牵牛是个品种非常丰富的大类。颜色众多，花型各异。单瓣矮牵牛丰花型非常好，园艺上应用极为广泛，家庭种植也非常容易出效果。

天竺葵

天竺葵也是我在花友的不断“荼毒”之下终于迷上的一种植物。别的不说，单是它不招虫咬的特质已经深得我的喜爱。天竺葵有个别名叫洋绣球。顾名思义，花朵盛开时候一簇上面很多朵组成一个球型，非常有视觉效果。如果群植，那盛花期真叫一个姹紫嫣红，落英缤纷。

产地

天竺葵，原产南非。植株健壮，病虫害很少；适应性比较强，对土质基本没有要求，喜欢富含腐填质的土、喜阳光，喜欢温暖环境，比较耐旱，非常怕积水，最怕酷暑和曝晒。

播种要点

种子的选择：最好是选用当年采收的种子。种子保存的时间越长，其发芽率越低。选用籽粒饱满、没有残缺或畸形的以及没有病虫害的种子。一般可以选择信誉较好的店购买，因为已经是普及型的花卉，也比较容易买到。

种子粒大，家庭种植可进行催芽。

催芽方法：纸巾浸水铺在小盆中。种子放纸巾上，倒掉多余水分，遮光。最好不要选择有香味的纸巾，会影响发芽率。

北方春、秋播，南方最好是进行秋播，因为天竺葵极度怕热，要保证小苗到成株的这一段时间气温不要超过32℃。种子嫌光发芽(我曾经因为搞错了，在阳光中两周才露白)，直播略盖土。发芽温度为18℃~23℃，一般4~25天发芽。阳台种植可用保鲜膜覆盖来保持湿度。

家庭种植一般泥炭土加珍珠岩即可作为播种土，播种土加入少量杀菌剂或者高锰酸钾进行消毒。

发芽后生长迅速，切记浇水要适量。盆土干后或者盆轻再浇。

播种到开花所需的时间一般为秋播春天即可开花，春播秋季开花。

假植与定植

待到当植株已经明显大于穴盆时开始从穴盘移出。移苗注意不要伤根，可在穴盆底部轻轻一捏，土和植株就能轻易取出。天竺葵根系较为发达，但也请小心不要伤根。移植大约20cm口径的盆中，定植时加入有机底肥、骨粉和多菌灵，

可促进生长。生长超过 15cm 可以进行打顶摘心。进口品种的分支性比较强，可以不打顶。

种植注意点

温度：最佳生长适温（日温/夜温）为 10℃~25℃。特别要注意的是，天竺葵特别不耐高温。当温度超过 30℃时应减少施肥，适量减少浇水。放置阴凉通风且没有阳光直射处。但即使这样，有些品种的天竺葵依然可能会黑腐死亡，所以要经常检查植株，如发现有枝干变软，要果断把发软的枝干剪掉，以免传染至其他枝干。

生长的需光性和其他生长条件：

春秋季全日照，需暖和气候。喜长时间光照能耐阴，光照不够会落花和黄叶，但是不能烈日下暴晒。春秋天可以室外放置。夏天需移至阴凉通风处。冬日保暖。自然条件下，九月播种。天竺葵在四月即可开花。

排水

要求土壤排水要畅通，绝不可积水，如积水叶片发黄脱落。最好不要淋雨，雨季可以把盆侧放防止盆内积水。夏季减少浇水。

塑型

天竺葵分支比较多，可以按照个人喜好进行修剪，应除去细枝和密枝，以免争夺养分。可以多次摘心以促花枝。如果不需要育种，花开后要及时剪掉。度夏之后，应该进行一次修剪，留下强壮侧枝，弱枝和密枝全部剪掉，并且重新进行一次翻盆。老株第三年要剪去主杆促发新枝，保持植株的活力，也可以剪下枝子进行扦插重新生根来获取新的生命力。

施肥

天竺葵喜肥。花芽出现时，每两周加施一次磷肥，每周施用一次200~

300ppm 全效氮肥，施肥时确保施肥彻底。灌溉应注意浇透，以防土壤盐化。可每年夏季过后进行翻盆加底肥。底肥可用有机肥加入骨粉，随后剪去花枝，不久又可再开花。越冬温度在 7℃以上。夏季不施肥。

浇水

浇水可等干透再浇透，浇水同时可施用淡肥。天竺葵适于栽培于较干燥的地方，但要避免萎蔫。不可积水。夏季浇水较少，但可以喷雾来进行降温。

病害防治

天竺葵病虫较少，因为天竺葵叶子本身具有的特殊味道，一般不会招惹虫害。预防措施是给予良好的栽培条件并定期检查植株，不会有大问题。

病害要注意茎腐病，一般是由于积水加上高温。这种病应该以预防为主，移植时加入多菌灵来预防。

扦插繁殖

天竺葵非常适宜进行扦插繁殖。每年修枝所剪下的枝条可用来扦插。

扦插方法：

扦插枝条的选择：一般选择一年生的强壮枝条，过于嫩的枝条不适宜进行扦插。选择春秋季进行扦插比较适宜，冬季如有温室也可进行。尽量避免夏季的扦插。

进行扦插时，在春末至早秋植株生长旺盛时，选用当年生粗壮枝条作为插穗，每一枝带两片以上的叶子。把枝条剪下后，风干一会儿，待伤口收缩。期间贮准备干净的沙土或者泥炭加珍珠岩以 1:1 的比例配置，加入多菌灵，稍湿润不要潮湿。把枝条插入其中 3cm 左右，放阴凉处静待生根，一般两周左右即可发芽。为了方便观察生根情况，建议使用透明一次性杯子进行扦插。等到能看到根系，就说明扦插成功。根系 5cm 左右即可进行定植。

扦插后的管理

温度：插穗生根的最适温度为 15℃~30℃，低于 15℃时，插穗生根困难、缓慢；高于 30℃时，插穗的剪口容易受到病菌侵染而腐烂，并且温度越高，腐烂的比例越大。扦插后遇到低温时，保温的措施主要是用个透明的盖子把植株带起来保湿保温。透明盖子可用饮料塑料瓶剪去一半来使用。扦插后温度太高温时，降温的措施主要是给插穗遮阴，要遮去阳光的 50%~80%，同时，给插穗进行喷雾，每天 3~5 次，晴天温度较高喷的次数也较多，阴雨天温度较低温度较大，喷的次数则少或不喷。

湿度:扦插后必须保持空气湿度。插穗生根的基本要求是,在插穗未生根之前,一定要保证插穗能够进行光合作用以制造生根物质,所以要带叶扦插。但没有生根的插穗是无法吸收足够的水分来保证自身需要,因此,必须通过喷雾来减少插穗的水分蒸发。在有遮阴的条件下,给插穗进行喷雾,每天早晚两次,但是不要让介质过于潮湿,否则会腐烂。

光照:扦插好的植株放于阳光漫散射处。光照太强,植株水分蒸发过快,可喷雾来缓解蒸发。光照太弱,不能充分进行光合作用。

育种

一般天竺葵是自花结种。有兴趣的朋友可以把不同花色的天竺葵互授粉,可能会结出混合花色的种子。如果要育种,花开后可不剪花枝,会自行结种。等种荚变黄即可收种子,一般一个种荚有两棵种子,种子来年即可播种。新鲜的种子发芽率高。

天竺葵是匈牙利的国花。因为花开时期长,花大颜色缤纷成为阳台首选花卉。它的栽培简单,几乎没有病虫害,对土质没有要求,播种扦插两相宜的特性为它的传播提供了很大的方便,所以我们常常看见国外优美的小镇,家家都有天竺葵。如果你想要个美丽的阳台,请一定要种上美丽的天竺葵。

矢车菊

不知道大家还记不记得，安徒生的童话《海的女儿》的开头：

“在海的远处，水是那么蓝，像最美丽的矢车菊的花瓣，同时又是那么清，像最明亮的玻璃。然而它又是那么深，深得任何锚链都达不到底。”那是我对于小美人鱼最清楚的一个印象。那时候我就很好奇矢车菊到底是一种什么样的美丽花卉。后来终于在论坛上看到了这种书中描绘的最美丽的矢车菊，确实娇艳可人，赏心悦目。

产地

原产于欧洲，是一种欧洲常见的野生花卉。经过很多代的培育，花朵颜色丰富了很多，花朵也变大了很多。其中蓝、紫色的矢车菊比较名贵，其他还有白、浅粉红等等。矢车菊是德国的国花，在德国非常普及，此外它还是马其顿的国花。

矢车菊属于菊科矢车菊属，花语为遇见幸福，所以安徒生才会在开头用矢车菊来比喻小美人鱼所居住的海水吧。

播种要点

矢车菊是一、二年生的草花。多分枝。矮生品种大约30cm高，高生品种约90cm高。一般家庭种植采用矮生种。花期在春季四五月份，所以应该在秋季进行播种。

种子的选择：最好是选用当年采收的种子。种子保存的时间越长，其发芽率越低。选用籽粒饱满、没有残缺或畸形，以及没有病虫害的种子。

种子粒大，家庭种植可进行催芽。

催芽方法:纸巾浸水铺在小盆中。种子放纸巾上,倒掉多余水分,遮光。最好不要选择有香味的纸巾,会影响发芽率。

种子嫌光发芽,直播略盖土,以看不见种子为好。种好后浇透水,保温保湿。发芽温度为18℃~23℃,一般7天左右发芽。阳台种植可用保鲜膜覆盖来保持湿度。

家庭种植一般泥炭土加珍珠岩即可作为播种土,播种土加入少量杀菌剂或者高锰酸钾进行消毒。

发芽后生长迅速,切记浇水要适量。盆土干后或者盆轻再浇。

假植与定植

矢车菊是直根系植物,不耐移栽。最好是直接把种子播在大盆里面,以后不用移栽。如果已经用了穴盆播种,那么移栽的时候则要非常小心,不要伤根,移栽带土越多越好。

移栽等小苗长出6片叶子左右即可,不要长得太大,因为直根系,越大移栽越不容易成功。矢车菊会长得比较大,所以15~20cm口径的盆里面一棵比较适宜。移栽后浇水一次,保温保湿,放阴凉处缓苗一周。新叶长出即说明移栽成功。

种植注意点

温度:最佳生长适温(日温/夜温)为15℃~30℃。矢车菊喜爱凉爽的天气,稍微耐寒。

生长的需光性和其他生长条件:

矢车菊喜爱阳光,必须阳光充足,对植株生长十分有利。如果光照不足,植株会徒长,茎叶细长且易倒伏。冬季搬进室内阳光充足处即可。

排水

要求土壤排水要畅通,绝不可积水,所以可以采用排水良好的沙土来种植。也可以在园土中加入珍珠岩改善透气性。最好不要淋雨,否则雨水积水处会腐烂。如果碰到雨天可以把盆侧放以排除积水。

塑型

园艺品种的矢车菊分枝性很好,不用多打顶就可自行分枝,当然打顶会起到一定的促枝作用,但是如果分枝太多过密应该剪去一些过密的细小枝来保证其他花的养分,得到比较大的花朵。

施肥

矢车菊喜爱肥料,定植时加入有机底肥,平时每月要实用一次氮磷钾肥。如果叶片长得过旺可以少施一些氮肥，开花前多施一些磷钾肥可以让花开大朵，颜色鲜艳，但是开花时最好停止施肥。

浇水

因为矢车菊叶片繁多，水分蒸发量比较大。理论上一天浇一次透水，阴雨天减少。有个小办法可以看出矢车菊是否缺水，当矢车菊缺水的时候会有点蔫。看到这个情况就可以当头一阵浇水，很快植株就会复苏。只要土壤透水就能很容易掌握浇水的时机。

病害防治

矢车菊比较强健，一般病虫害不多。

常见虫害主要有虫害多见蚜虫、红蜘蛛、白粉介等，发现虫害，可用乐果1500倍液喷洒。平时应该以预防为主，经常叶面喷雾可以有效防治红蜘蛛。

矢车菊常见的病害有：曲缩病、霜霉病、菌核病，均以预防为主，保证通风、排水畅通，防止植株过密。如发病可用多菌灵或者代森锌按照产品背后说明喷洒。

扦插繁殖

矢车菊根系较为粗壮，可以采用根插法来繁殖新芽，方法如下：截取粗壮的根部，约3~5cm。事前用多菌灵溶液浸泡半个小时左右，晾干，埋入干净的扦插介质中，覆土约1cm，保温保湿，发出新芽之后即可移植。家庭种植一般还是以播种为主。

育种

矢车菊是自花育种，种荚枯黄后就可以采摘种子。种子容易散落，所以要注意采集的时间。矢车菊自播能力强。

矢车菊是一种非常美丽的花卉，病虫害较少，粗放管理即可，而且花大颜色清丽，花期长，是家庭种植非常好的选择。

蓝雪花

在论坛上第一眼看到蓝雪花的时候我完全被它迷住了，那纯情又梦幻的颜色，童话一般的花形，让人想起那时候的初恋，蓝雪花曾经在花友中起过一阵非常热烈的风潮，几乎人人种蓝白雪，种子也是极度难求。幸得蓝雪花种植简便，易于管理，慢慢成为普及品种，也是阳台养花的极好选择。

雄雪花：有5个雄蕊，没有雌蕊，花瓣较饱满，花形圆润。

雌雪花：只有一根雌蕊，没有雄蕊，花瓣稍细长。

产地

蓝雪科，原产南非。白花丹科白花丹属。常绿蔓性灌木，跟白雪花、紫雪花是亲戚。喜温暖、不耐寒，适宜南方生长。

播种要点

种子的选择：最好是选用当年采收的种子。种子保存的时间越长，其发芽率越低。选用籽粒饱满、没有残缺或畸形，以及没有病虫害的种子。一般可以选择信誉较好的店购买，因为已经是普及形的花卉，也比较容易买到。

种子粒大，家庭种植可进行催芽。

催芽方法：纸巾浸水铺在小盆中。种子放纸巾上，倒掉多余水分，遮光。最好

不要选择有香味的纸巾,会影响发芽率。

北方春、夏播,南方四季可播种,嫌光发芽,直播略盖土。发芽温度为 18℃~21℃,一般 4~6 天发芽。发芽后保温。阳台种植可用保鲜膜覆盖来保持湿度,湿度保持在 95%以上。

蓝雪花真叶非常大,不宜用小穴盆播种。保持土壤 pH 值 5.8~6.2。家庭种植一般泥炭土加珍珠岩即可作为播种土,播种土加入少量杀菌剂或者高锰酸钾进行消毒。

发芽后如遇冬日低温会休眠停止生长,来年气温回升生长迅速。

播种到开花所需的时间一般为 10~14 周,南方 8~12 周,北方 12~16 周。

假植与定植

出芽一周后开始每周施用 1~2 次 100ppm 的肥料。继续保湿,防止小苗夭折。

待到当植株足够丰满时开始从穴盘移出,不要待穴盘苗长根再移植。移苗注意不要伤根。移植到盆中时栽培深度与穴盘栽培时相同。定植时加入有机底肥。

南方蓝雪花株高可达 2 米左右,20cm 盆栽每盆种植 1 株;30cm 标准盆栽每盆种植 1~2 株,保持苗间距 25cm 以上。从移植到成苗保持空气温度为 17℃~26℃。强光照和温暖的气温会改善分枝性。

种植注意点

温度:生长适温(日温/夜温)为 25℃。

生长的需光性和其他生长条件:全日照,需高光和暖和气候。喜长时间光照能耐阴,不宜烈日下暴晒。春秋天可以室外放置。夏天移至室内明亮处。冬日保暖。自然条件下,一月播种,蓝雪花在五月即可开花,若使其秋季开花,则需在 9 月 1 日过后给予长日照处理。

排水

地栽土壤:北方为 30~45cm,南方为 1.2~1.8 米。要求湿润环境,土壤排水要畅通。

长至 30cm 左右重剪一次,留 5 对叶可以促进分枝,增加开花量。

塑型

蓝雪花能够生长得很高,可为其支架或者修建塑型。每年要修建一次株型。

施肥

蓝雪花喜肥,每周施用一次 200~300ppm 全效氮肥,施肥时确保施肥彻底。

灌溉应注意浇透，以防土壤盐化。可每年春天翻盆加底肥。开花前施加一次钾肥，可促进开花。花后剪去花枝，不久又可再开花。越冬温度在7℃以上。

浇水

浇水可等干透再浇，浇水同时可施用氮肥。蓝雪花适于栽培于较干燥的地方，但要避免萎蔫。

病害防治

蓝雪花病虫较少，一般的预防措施即可。预防措施是给予良好的栽培条件并定期检查植株，不会有大问题。蚜虫和蛀茎害虫是其主要的虫害，可挑选低毒的杀虫剂。施用杀虫剂时，如果按照标签上的使用说明施以适当浓度，植株不会出现毒害作用。

扦插繁殖

蓝雪花非常适宜进行扦插繁殖。每年修枝所剪下的枝条均可用来扦插。

扦插时，在植株生长旺盛时，选用当年生粗壮枝条作为插穗。把枝条剪下后，选取壮实的部位，剪成5~15cm长的一段，每段要带两个以上的叶片。

进行硬枝扦插时，在植株生长旺盛时，选取当年的健壮枝条做插穗。每段插穗通常保留3个以上节，剪取的方法同嫩枝扦插。

育种

曾经拥有一棵蓝雪花的我一直焦急耐心地等待其结种子，结果怎么期望，它花开花落自飘零，完全没有想要结种子的样子。后来我翻阅了资料才明白，蓝雪花是雌雄异株的，必须要同时拥有雌雄、人工授粉才可以结种子的。

蓝雪花是非常美丽的植物。基本是除了冬天，几乎每月都能开花，如果能搭架造型的话，每年盛花时节真是美不胜收，是我极力推荐的一种家庭美化植物。

黑眼苏珊

黑眼苏珊得名于它黑色的花芯，那明黄色的花瓣搭配黑色花芯非常的醒目，再加上柔软的藤蔓，让人真正能感觉到什么是媚眼如丝。黑眼苏珊在盛花期时花朵非常多，可以说能开到让人应接不暇。早上起来，看到满眼明黄色和黑色的眉眼，是否一天的心情都会好起来呢？

产地

原产南非，爵床科多年生植物。花朵颜色众多，但以明黄和橘黄为主。近年又多新品种，一株上面能开好几种颜色的花。黑眼苏珊是藤蔓植物，叶片三角形，叶腋对生花苞，开花量丰富。

播种要点

种子的选择：最好选用当年采收的种子。选用籽粒饱满、没有病虫害以及无残缺或畸形的种子。种子粒大，家庭种植可进行催芽，也可以直接播于穴盆中。

一般来说，黑眼苏珊是以春播为主的。但黑眼苏珊也是一种比较耐寒的植物，所以也可以进行秋播。种子需光发芽，发芽温度为18℃~23℃，一般7~10天发芽。阳台种植可用保鲜膜覆盖来保持湿度。

家庭种植一般泥炭土加珍珠岩即可做为播种土，播种土加入少量杀菌剂或者高锰酸钾进行消毒。发芽后生长迅速。黑眼苏珊不能缺水，比较怕干旱，可以经常在叶面喷水，保持湿度。播种到开花所需的时间一般若是秋播，则是春天开花，若是春播，则是秋季开花。

假植与定植

待到当植株长出4片真叶之后开始从穴盘移出。移苗注意不要伤根，可在穴盆底部轻轻一捏，土和植株就能轻易取出。黑眼苏珊比较强健，所以我们可以采用分次移植的方式，开始假植到比较小口径的花盆中，等植株长大一些再移植。可以移植三次左右，最后定植到大约20cm口径的盆中。我们可以选择吊盆或者挂盆。定植时加入有机底肥、骨粉和多菌灵，可促进生长。

黑眼苏珊的打顶要看是否长到自己理想的高度，常打顶掐尖有利于黑眼苏珊藤蔓的分枝。黑眼苏珊的花苞长于花腋，也就意味着多分枝多长叶开花量就会增多。

种植注意点

温度：最佳生长适温（日温/夜温）为20℃~30℃。黑眼苏珊的适应性比较强，基本上从5℃到夏天的高温都能不死，但是过冷和过热都会休眠不再生长。等气温达到理想的温度，长势就会非常快。当温度超过30℃时应减少施肥，适量减少浇水，放置阴凉通风且没有阳光直射处；当温度低于10℃时，要放于室内过冬。

生长的需光性和其他生长条件：春秋季全日照，需暖和气候。喜长时间光照能耐阴，光照不够会导致花瓣畸形和黄叶。但是不能在烈日下暴晒，也不能在5℃以下露天放置。春秋天可以室外放置，夏天需移至阴凉通风处，冬日保暖。

排水

虽然黑眼苏珊喜欢温暖湿润，但也要求土壤排水要畅通，绝不可积水，如积水叶片会发黄脱落。可以少量淋雨。夏季增加浇水量，冬季减少浇水。

塑型

黑眼苏珊属于蔓性植物，而且分枝比较多，可以多次摘心以促花枝。选用挂盆或者吊盆，让藤蔓垂下，营造黑眼苏珊瀑布效果。也可以搭架子让藤蔓攀爬，能塑造出明黄色的花墙。

施肥

黑眼苏珊喜肥。定植时候底肥可用有机肥加入骨粉，生长期每周追施一次液肥。花芽出现时，每两周加施一次磷肥。每周施用一次200~300ppm全效氮肥。施肥时确保施肥彻底。灌溉应注意浇透，以防土壤盐化。花后剪去花枝，促芽和整理造型。夏季不施肥。

浇水

黑眼苏珊喜欢湿润的环境，所以不要让黑眼苏珊干旱时间久。浇水同时可施用淡肥。不可积水。夏季浇水要增加，同时可以结合喷雾来进行降温。

病害防治

黑眼苏珊病虫主要有红蜘蛛和介壳虫。红蜘蛛对于黑眼苏珊的危害比较大，平时要注意预防措施。预防措施是给予良好的栽培条件并定期检查植株，不会有大问题。如果真的出现病害，要使用专杀农药进行喷杀。害虫对黑眼苏珊的杀伤力很大，所以要趁早防治。

病害要注意茎腐病。一般是由于积水加上高温，应该以预防为主，可在移植时加入多菌灵来预防。

扦插繁殖

黑眼苏珊通常都是播种繁殖，播种的苗比扦插的苗更容易养活。黑眼苏珊也可以进行扦插繁殖，每年修枝所剪下的枝条都可用来扦插。

扦插方法：

在春末至早秋植株生长旺盛时，选用当年生粗壮枝条作为插穗，每一枝带4片以上的叶子。把枝条剪下后，风干一会儿，待伤口收缩。期间贮备干净的沙土或者泥炭土加珍珠岩以1:1的比例配置，加入多菌灵，稍湿润不要潮湿。把枝条插入其中3cm左右，放阴凉处静待生根，一般两周左右即可发芽。为了方便观察生根情况，建议使用透明的一次性杯子进行扦插，等到能看到根系，就说明扦插成功。根系5cm左右即可进行定植。

扦插后的管理：

温度：插穗生根的最适温度为15℃~26℃，可以给插穗进行喷雾保湿。

湿度：扦插后必须保持空气湿度。必须通过喷雾来减少插穗的水分蒸发：在有遮荫的条件下，给插穗进行喷雾，每天早晚两次。但是不要让介质过于潮湿，否则会腐烂。

光照：扦插好的植株放于阳光漫散射处。光照太强，则植株水分蒸发过快。可喷雾来缓解蒸发。光照太弱，不能充分进行光合作用。

育种

自然条件下黑眼苏珊需要昆虫授粉结种，人工饲养就必须进行人工授粉，但授粉后结实率依然不高，说明家庭育种相对来说比较困难。种子来年即可播种，新鲜的种子发芽率高。

黑眼苏珊是美丽的藤蔓植物，非常能开花，经常开到爆盆，而且颜色明亮，很有朝气。黑眼苏珊种植简单，管理粗放，叶子和藤蔓的姿态也极美，是家庭种植的理想品种。

长寿

因为团购的姑娘发错了货，所以长寿阴差阳错地来到了我们家，来的时候已经带了小花苞，随意种下了放在角落。我想起来就有一搭没一搭地浇水施肥，没想到1个月后竟开出了非常美丽的重瓣花，非常令人惊艳。从这之后我才开始认真起来，慢慢地长寿变成我最喜爱的植物之一。

产地

原产非洲。多肉植物。颜色众多，有单瓣、重瓣之分。景天科伽蓝菜属。冬季至春季开花，花期长，容易栽培，比较耐干旱，是很容易上手的盆栽花卉。

播种要点

种子的选择：长寿种子非常细小，播种的时候均匀撒在介质上。最好选择头年结的种子，越新鲜的种子发芽率越高。因种子细小比较适合直播。

种子新鲜的话10天左右即可发芽，发芽之后可以缓慢逐渐接受日照，三周之后可以用1%左右的淡氮磷钾液肥均匀喷雾来补充肥料。

家庭种植一般泥炭土加珍珠岩即可作为播种土，表层铺一层薄蛭石。播种土加入少量杀菌剂或者高锰酸钾进行消毒。

因为长寿耐寒不耐热，所以建议使用秋播。

假植与定植

小苗两个月左右就可以进行移栽。因小苗柔弱，移植时候注意不要伤到根系。定植时加入有机底肥。

种植注意点

温度：生长适温（日温/夜温）不低于5℃~25℃。稍耐寒怕炎热。

生长的需光性和其他生长条件：对光照不敏感，全日照、半日照、散射光都能适应。不能接受夏日阳光曝晒，夏天要遮阴。冬季保温。

排水

长寿非常怕积水，一定要做到土壤排水通畅。不要淋雨，积水处会腐烂。

塑型

长寿的分枝性比较好，一株长寿成株能长成一盆。可适当掐尖促花，同时也起到限制株高，达到矮密的满盆效果。

施肥

长寿属于小植株花卉，春秋生长期间可以每月施用氮磷钾淡肥。冬夏休眠期停止施肥。开花之前加重磷肥的比例。

浇水

长寿比较耐旱。浇水一定要等干透再浇。夏季和冬季减少浇水，春季和秋季浇水也要适量。

病害防治

长寿病害主要有根腐病和白粉病，可用多菌灵按说明喷洒。平日预防为主，注意通风。

平日注意防止蚜虫和介壳虫。如有虫害可用乐果依说明稀释喷洒即可。

扦插繁殖

长寿可以用播种和扦插两种方法来繁殖。因为长寿扦插非常容易，所以通常选用扦插来进行繁殖。

扦插方法：剪下植株5cm左右的茎。在扦插介质中用剪刀戳一个约2cm的小孔，把剪下的茎插进去。用手略压实。扦插介质可采用常用扦插介质，扦插之前用水稍微喷湿，扦插之后就不用浇水。

因为长寿属于多肉植物，也可以采用叶片来繁殖，方法如下：选择健康饱满的叶片掰下，放置1小时等待叶片收干。期间准备珍珠岩和蛭石1:1比例的扦插介质。把收干伤口的叶子平放在介质上，保湿保温。

育种

长寿是需要人工授粉。可用毛笔或者棉签进行人工授粉。种子细小，要及时采收。

长寿花名字吉祥，非常合适拿来馈赠亲朋好友。长寿花期正值圣诞到春节期间，而且花量丰富花期时间长，是非常好的春节期间的观花盆栽。长寿栽培简单，管理粗放，非常合适新手栽种。其短日照的特性也注定了它也是一种适合案台和办公室环境的植物，配上喜欢的花器，会是非常美丽的生活小调剂哦。

风铃花

我曾经有一串紫色的风铃，挂在南边窗口，每当有微风吹起就传出叮叮咚咚的声音。那是我最喜爱的礼物，我珍惜地放了很久，后来送给了远行的好朋友，希望风铃能让她想起家乡的风声。

后来见到风铃花的时候，我立即喜欢上它了。它太像曾经的那串风铃，勾起了我无限美好的回忆。

产地

原产于欧洲南部。桔梗科风铃草属。2 年生草本植物。因为花的形状如同风铃，在我国也叫作风铃草，颜色有紫色、粉红、白色等，也有单瓣和重瓣的分类。在欧洲非常多见，在我国花友的园艺品种中也已经比较普及，因为颜色清雅、花型可爱受到大家的追捧。

播种要点

种子较小，可以用穴盆播种也可以直播。建议用穴盆播种，因为风铃草出苗时间长，而且苗期很长。穴盆比较容易管理且不占地方。除冬季外春夏秋均可播种，需光发芽，所以把种子均匀撒在介质上后不需要覆土。介质可以采用一般的播种土，也就是泥炭土、珍珠岩、蛭石按 5:3:2 调配。种子撒上后用喷壶喷雾，直到穴盆底部流出水即可。然后覆上保鲜膜保温保湿，保鲜膜上戳几个洞来保持空气流通。

发芽温度为 15℃~20℃，一般在两周左右发芽。发芽后保湿保温。

播种到开花所需的时间比较长，一般秋播出的苗要经过一年的营养累积期到第三年春天才能开花。如果在种子结出后立即播种，有可能在次年开花。

假植与定植

待到当植株足够丰满时开始从穴盘移出。可以移进口径 15cm 的盆中假植。移植时候小心，主要不要伤根。风铃草最终的植株比较大，要在最终植株长成前移到口径 30cm 的大盆中等待抽薹开花，不然等抽薹之后再移植容易伤根导致细菌侵入，引起病变。

假植可以在移植前施入少量底肥来帮助植株进行营养累积。

种植注意点

生长适温（日温/夜温）为 10℃~25℃。

生长的需光性和其他生长条件：全日照，喜欢温暖湿润的环境。能耐-10℃的低温，比较怕热。因为枝叶比较粗壮，蒸发量大，所以要补充大量的水分。土壤可使用一般的培植用土，因风铃草比较喜欢微碱性土壤，可以在种植前加入骨粉或者少量石灰粉进行 pH 值的调整。

排水

风铃草虽然需水量大，但是也要求土壤排水性好。不能积水，积水会导致须根腐烂，引起植株的病变。

塑形

风铃草枝干茂盛，开花时候能长到 1 米高。有时候为了让株型矮小化，可在假植之后用一些矮壮素来控制植株的高度，让整棵植物看起来更加娇小可爱。

如果家中有院子，可以尝试露地群植栽培。

施肥

风铃草的施肥相对来说比较简单。在假植和定植时，施入足量的有机底肥。抽薹之前每月施用一次氮磷钾肥，抽薹之后加重磷钾肥的比例，等开花之后暂

停施肥。

浇水

在生长期间，风铃草的水分要求比较大，一般一天一次透水，但也要结合天气情况。如果拿捏不准，可以等植株稍微有些蔫的时候浇水。

病害防治

害虫主要是蚜虫、红蜘蛛、蓟马等。可用乐果按说明调配浓度喷洒，一般几次之后可以清除干净。

病害主要可见白粉病、锈病、叶斑病等。一般用多菌灵按照说明调配浓度喷洒即可。

扦插繁殖

一般风铃草可以用播种、扦插两种方法进行繁殖。

风铃草枝干少，主枝干只有抽薹之后的一枝，所以扦插繁殖多采用春季时候底部萌发的新芽。

把新芽小心地掰下，等伤口稍微收缩之后，插入干净的扦插介质。扦插介质可以采用播种土的配方，插好之后保温保湿，等待新叶长出说明生根成功。

我很喜欢一位花友对风铃花的评价：好像夏日的钟声即将响起。等风铃花盛放之后。真正意义上的夏天即将拉开帷幕。之前的风铃花犹如夏日的信使，铆足了劲儿地盛开，只要看着它，就仿佛能听见那清脆动听的风铃声。如果你也喜欢，尝试种一下，一定能听到夏天到来的声音。

牵牛花

秋赏菊，
冬扶梅，
春种海棠，
夏养牵牛。

这句话曾经给我留下过很深的印象。我理想中的花园便是四季繁花盛开，后来发现要在阳台上实现四季盛开，必须要栽种的就是喇叭花，也就是牵牛花。每天清晨起来阳台上早有一朵朵的牵牛花对你绽放笑颜。花瓣娇嫩，却又很努力地开着。它们中午就谢了，留一个美好的清晨的回忆。第二天又是新的一朵盛开，无穷无尽。

产地

原产美洲热带地区。旋花科牵牛属一年生蔓性缠绕草本花卉。蔓生茎细长，喜欢向上攀爬。花通常生于叶腋下，花大且颜色丰富，喇叭形。全株生有短刚毛，利于攀爬。早上开的通常叫朝颜，非常别致的名字——早晨的笑颜。晚上开的叫夕颜，颜色众多，通常有红、粉红、紫红、蓝色、紫色或者混白边等等。还有一种在晚上开放的夕颜，也叫作月光花，花大洁白，犹如月光女神一般纯洁。

播种要点

种子的选择：最好是选用头年采收的种子。牵牛花的种子能放比较长的时间。选用籽粒饱满、没有残缺或畸形，以及没有病虫害的种子。

种子粒大，家庭种植可进行催芽。

宜在春天播种，如果直播，应先将种子清水浸泡5个小时左右。入土后覆土1cm，浇透水，约5~6天可发芽。发芽后，放置阳光散射处。

假植与定植

出叶两片之后即可进行移植至大盆，不需要进行假植。牵牛花移植要趁早，因为牵牛花是深根植物，根系扎得很深，等到苗大就不耐移植了。

种植注意点

温度：生长适温（日温/夜温）为22℃~34℃。

生长的需光性和其他生长条件：全日照，需高光和暖和气候。牵牛花非常喜欢阳光，室内种植一般是长不好的，应长时间放于阳光直晒处。

排水

选用排水好的土壤，不要积水。

塑型

牵牛花是典型的蔓生植物，所以家庭种植需要搭架子让它攀爬。

方法：

❶ 用坚韧的绳子扎成网状，一般扎在室外为佳。

❷ 在牵牛花盆中插一根长竹竿或类似物，按照所需的实际情况调整高度。用铅丝绕花盆以竹竿为中心点盘旋而上，形成塔形。切记牵牛花属于左旋植物，搭架子时候要考虑这一特性。

❸ 如果家中有防盗窗，也可以放于防盗窗之下。这样牵牛花会自然盘在窗栏杆上，等长满绿叶时候非常好看。

❹ 当然，如果不愿意搭架子也可以养成不爬蔓植物，就是等小苗五六片叶时掐尖，新枝出来后等五六片叶子再掐尖，如此反复。花开后要及时摘除促新花。

施肥

牵牛花是喜肥植物，从移植开始就可加重底肥，有机饼肥、麻渣等均可加入。加入底肥之后可一段时间不施肥，待花开之前可施一次磷钾肥。如果直播未加底肥，可在每次浇水时同时施以饼肥水来追肥，也可在盆中加入缓释肥。

浇水

因为牵牛花盛开在夏季，叶片大蒸发量也比较大，缺水容易干枯，所以要及时补水，避免盆土干的现象。

病害防治

牵牛花的害虫主要有红蜘蛛、蚜虫、潜叶蝇等。主要以平日多观察预防为主，可用乐果1000倍稀释液喷洒。

病害主要发生在苗期，常见的有白锈病，白锈病症状为叶片上浅色斑点，逐步变成黄色。以预防为主。保持排水通畅，通风和充足阳光能大大减少发病。一旦发病最好及时拔除病株，否则病菌会以种子为载体，祸及下一年，拔出后用杀菌药为土杀菌。

扦插繁殖

虽然牵牛花扦插繁殖的不多，但也是可以扦插的。扦插方法如下：选用牵牛花的一段茎，必须带叶芽。选用泥炭土加珍珠岩为介质，插入之后浇透水，保持70%以上的湿度和25℃以上温度，大约15天即可发芽。出新芽后即可移植。

也可以用水插法，先在清水中长出水生根之后再进行移植。

育种

牵牛花可以自己育种，而且不需要人工授粉。一个种子囊中大约有2~3颗种子，种子黑色，颗粒大。牵牛花的种子是一味中药，名曰“黑丑”，有小毒，不可以口服。种子收集后放阴凉处保存，来年即可种植。

牵牛花花大叶美，藤蔓的姿态也非常妖娆，是一种营造别样美丽的花卉。

蓝雏菊

我对于蓝色的花始终充满了好感，且不说纯洁如蓝雪花，奔放如蓝矢车菊，还有颜色浓烈的蓝报春，清雅高贵的蓝色铁线莲。还有一种娇小如小家碧玉的蓝色小菊花，也深得我的喜爱，那就是下文介绍的蓝费利菊，也就是俗称的蓝雏菊。

产地

原产于南非。属于菊科蓝雏菊属，一年生的草本植物。原名蓝费利菊，因为花型娇小类似单瓣雏菊，所以也叫作蓝雏菊。蓝雏菊是一种非常好的地被植物，易于栽培，容易产生花海的效果，所以在世界各地都很常见。

播种要点

蓝雏菊是一年生的草花，多分枝，大约30cm高。花期在春季四五月份，所以应该在秋季进行播种。

种子的选择：蓝雏菊的种子是比较典型的菊科种子，从母体掉下来的时候带有毛毛的小降落伞，种植的时候去除毛。最好是选用当年采收的种子，种子保存的时间越长，其发芽率越低。选用籽粒饱满、没有残缺或畸形，以及没有病虫害的种子。

家庭种植一般泥炭土加珍珠岩即可作为播种土，播种土加入少量杀菌剂或者高锰酸钾进行消毒。

发芽后生长迅速，切记浇水要适量。盆土干后或者盆轻再浇。

假植与定植

小苗出芽1个月之后可以进行移栽。移植的时候要注意不要伤到小苗的根系，因为小苗的根系比较柔弱，伤到之后不容易恢复，而且会给病菌入侵提供伤口。可以在穴盆底部轻轻一捏，尽量多带土移栽。移栽后浇水一次，保温保湿，放阴凉处缓苗一周。新叶长出即说明移栽成功。

移栽之前可在盆中施入一些有机底肥，保证其后生长期间的营养供给。

种植注意点

温度：最佳生长适温（日温/夜温）为5℃~23℃。蓝雏菊喜爱凉爽的天气，半耐寒。

生长的需光性和其他生长条件：蓝雏菊喜爱阳光，必须阳光充足，对植株生长十分有利。如果光照不足，植株会徒长，茎叶细长且易倒伏。冬季搬进室内阳光充足处即可。

排水

要求土壤排水要畅通，绝不可积水，所以可以采用排水良好的沙土来种植，也可以在园土中加入珍珠岩改善透气性。最好不要淋雨，否则雨水积水处会腐烂。

塑型

蓝雏菊的自分枝性很好，不用多打顶就可自行分枝，打顶会起到一定的促枝作用，而且能起到矮化植株的效果，让蓝雏菊开放的时候更有爆盆的感觉。

施肥

蓝雏菊喜爱肥料，定植时加入有机底肥，平时每周可施一次氮磷钾肥，如果叶片长得过旺可以少施一些氮肥。开花前多施一些磷钾肥可以让花开大朵，颜色鲜艳。花期要持续施肥。

浇水

不干不浇，浇水太多容易引发蓝雏菊的立枯病，可用小棍插入盆土内部再拔出来观看盆土是否过湿。

病害防治

常见虫害主要有虫害多见蚜虫、红蜘蛛、白粉介等。发现虫害，可用乐果1500倍液喷洒，平时应该以预防为主。经常叶面喷雾可以有效防治红蜘蛛。

常见的病害有：立枯病、灰霉病，均以预防为主。保证通风、排水畅通，防止植株过密，可以有效预防。如发病可用多菌灵或者代森锌按照产品背后说明喷洒。

扦插繁殖

蓝雏菊也可以采用扦插繁殖，方法如下：截取健康的一段茎，约3~5cm，保留或至少一对真叶，以便在长根期间由叶子进行光和作用来补充植株需要的营养。埋入干净的扦插介质中，保温保湿，发出新芽之后即可移植。

育种

蓝雏菊是自花育种，花谢之后，变成毛茸茸的毛球，类似蒲公英的毛球。种子容易散落，所以要注意采集的时间。

蓝雏菊开放的时候非常清新可人，小小的蓝色花瓣包裹嫩嫩的花心，一朵一朵绽放起来犹如蓝色的星辰，如果配上白色的瓷盆一定是非常美丽。有兴趣的朋友可以试一下。

月季

说起月季大概每个人都很熟悉。小到楼道阳台，大到亭台楼阁，只要能种花的地方一定会有人种植上一株月季。它是花中皇后，在众多花卉中总能让人一眼就认出。

产地

原产于亚洲和欧洲，是分布最广泛的花卉，属于蔷薇科蔷薇属，在我国又叫作“月月红”。除冬季外，几乎每月都有美丽的花朵挂在枝头。月季在我国栽培历史悠久，因为其花型娇艳成为大家都非常喜爱的花卉，观赏闻香食用皆可。月季中的玫瑰，其精油被称为“精油之后”，同黄金一样昂贵。

月季分类很多，一般家庭种植可根据自己家庭的具体条件来选择合适栽种的品种。

播种要点

月季一般通过扦插法或者高压法来繁殖，可见下面的扦插方法。

种植注意点

温度：生长适温（日温/夜温）为10℃~25℃。南方冬日零度以上地区可以露地种植。北方宜用盆栽。栽培介质可用腐埴土、沙土、园土按照3:4:3的比例混合，加入适量底肥。用大口径盆，不宜用深盆栽种。一般每年要进行一次翻盆。

生长的需光性和其他生长条件：全日照，需高光和暖和气候。月季如果缺少日照，开花量会大大地减少，所以如果家庭直射光不足，最好不要选择种植月季。夏季要适当进行遮阴。比较耐寒，冬日自动进入休眠状态。自然条件下，开花可以从五月开到十一月份。

成年的月季每年春季可以进行换盆，把表面的浮土和盆底土换掉，根系土不要动。盆底土可换成掺杂了有机肥料的腐埴土和沙土的混合土壤，表层土要用透水性好的土壤。换盆时候根据根系的情况可以适当剪去老化和不健康的根系，促使根基的发育。也可适当加入一些多菌灵，防止病菌侵入修剪的根系。

排水

要求湿润环境，土壤排水要畅通。

塑型

修剪对于月季来说非常重要。每次越冬之后，在十一月份之后、三月之前可进行一次重修剪。首先剪去病枝、残枝还有影响长势的枝条，注意留下的芽的方向性，这个和来年花枝的走势有很大的关系。如果想保留形态好看的弱小枝条，可以结合剪短强壮的枝条来促使弱枝的营养供给。一般可以把盆栽月季剪到15~20cm的高度。

开花时期，每次开完花都要进行修剪，不然月季结种子会消耗植株大部分养分，使其他花开弱小。修剪可以把谢掉的花连同枝条一起剪去，注意要保留下面的芽点。一般剪到芽点上方2cm处。如果生长期间枝条生长过密，必须要去除部分弱枝条，以防止争夺养分和枝条打结。同时要加强水肥管理，给予充分的光照。

施肥

月季喜肥，每年翻盆时候可以在盆中添加有机底肥，平时可以施用饼肥水，花开前加施磷钾肥可以使花朵变大颜色更加艳丽。花开一茬之后要追肥。冬季不用施肥。

浇水

浇水可等干透再浇头，浇水可同时施用淡肥。月季重新上盆时候要浇足一次透水。春秋天可两天浇一次水，视具体情况而定。夏季可晚上浇水。不能让植株缺水太久，否则会造成植株发育迟缓，开花变少。冬季休眠期减少浇水以免烂根。

病害防治

月季的害虫是红蜘蛛、介壳虫和蚜虫等，可以用药物防治，如乐果1000倍的稀释液喷洒。平时定期检查可以在介壳虫初期发现并杀除。叶面定期喷水可预防红蜘蛛。

病害主要有白粉病、黑斑病和叶枯病等，也是预防为主。盆土不要积水，及时清除病叶病枝，用百菌清或者多菌灵按照说明稀释进行喷洒。

扦插繁殖

月季可一般均采用扦插繁殖和高压繁殖法。

扦插法如下：在气温15℃~28℃之间进行，选用当年生健康枝条，上部剪平，下部用刀片削成45℃的斜面。留下最上部的2片叶子，然后插进纯蛭石或者珍珠岩中。介质喷水，以底部不滴水为宜。放阴凉通风处。早晚喷水保持湿润。等根系长出不必着急移植，可以等根系长老一点，变成浅褐色时候再进行移植。

高压法如下：选用当年生的强壮枝条。选在节中间，小心用刀片圈一层表皮，宽度以0.5cm即可，深度以看见白色枝干组织为佳。等伤口晾干一会，在伤口上用介质包裹起来。具体方法是先在伤口下方包上一个透明塑料袋，下口扎紧。然后再里面灌入泥炭土加珍珠岩即可，把介质喷湿，握紧之后把上口扎紧，然后等到能看见土中生出健康的须根，就可以直接在袋子下方把枝干剪下放进新盆中栽种。

这个方法类似在活体上进行扦插，成功率高，但是周期比较长，比较适合家庭繁殖。

育种

家庭种植月季一般都是在花后剪去败花来刺激新芽发出，所以一般不会自结果实。如果花后不剪去残花，残花底部会膨大结种子，家庭种植种子很难发芽，而且等待开花周期太长，不推荐播种来繁殖月季。

月季是一种适应性非常好的花卉品种。国外有很多有名而且美丽的月季园，在我国月季也得到很多花友的喜爱，当前欧洲月季品种在花友间盛行。其实我们国家自己也有很多美丽优秀的月季品种，而且更适宜我国的气候，如果大家选择月季的话，不妨了解一下我国的月季品种，会让你看见一个变化万千的月季世界。

洋桔梗

和其他开艳丽大花的植物不同，洋桔梗的花朵清新雅致，花瓣娇弱敏感，堪比黛玉一般的出尘脱俗，不食人间烟火。洋桔梗花色多样，一般以紫色、粉红为多。有种淡绿色的洋桔梗尤其美丽，开花时候常常会让人迷醉其中。洋桔梗的花语为：警戒和美丽。

产地

原产美国得克萨斯和内布拉斯加。龙胆科。2 年生草本植物，有单瓣和重瓣之分。洋桔梗因为其花色清新、花型动人，成为插花和盆栽极为优秀的品种。

播种要点

种子较小，可以用穴盆播种也可以直播。建议用直播，因为洋桔梗属于直根

系植物,根系较弱,不耐移栽,所以可以直接选用大盆进行直播,省掉移栽的过程。洋桔梗的出苗时间比较长,而且苗期也比较长,在苗期要小心呵护。

一般采用秋季播种,也可以春季播种,需光发芽,所以把种子均匀撒在介质上后,不需要覆土。介质可以采用一般的播种土,也就是泥炭土、珍珠岩、蛭石按5:3:2调配。种子撒上后用喷壶喷雾,直到穴盆底部流出水既可。然后覆上保鲜膜保温保湿,保鲜膜上戳几个洞来保持空气流通。

发芽温度为20℃~25℃,一般在两周左右发芽。发芽后保湿保温,发芽两周左右可以进行一次间苗,拔掉弱小不健康的小苗,避免它们与健康的苗争夺营养。

假植与定植

如果采用的是穴盆播种,等苗出5~6片真叶的时候就可以进行移栽。尽量只进行一次移栽,移栽时候要非常小心不要伤到根系。可以在穴盆底部轻轻一捏,带土进行移植。一棵需要15cm口径左右的盆,群栽每棵距离超过10cm以上。可以在移植前施入少量底肥来帮助植株进行营养累积。

种植注意点

生长适温(日温/夜温)为10℃~28℃。

生长的需光性和其他生长条件:全日照,每天超过15个小时的光照时间。但不耐阳光直射,所以一般放置在靠窗口处接受全天散射光比较适宜。喜欢温暖湿润的环境,能短暂忍耐零度的低温,超过30℃会生长缓慢。

排水

要求土壤排水性好,不能积水。积水会导致须根腐烂,引起植株的病变。

塑形

洋桔梗分枝不多，枝干纤细，是切花的理想株型。但是对于盆栽来说，纤细的枝干容易倒伏。可在旁边插一细棍绑定来防止倒伏。如果群植，生长期可用细绳拦腰围成圈，轻轻系上即可。

施肥

洋桔梗是喜肥植物，在定植之前可在底部施用有机底肥和骨粉。如果采用的是直播，必须在后期追加肥料。生长期每周施用一次淡淡的氮磷钾肥。开花前加重磷钾肥的比例。

浇水

洋桔梗喜欢湿润的环境，但是浇水也不宜过多，土中水分过多会容易引起根部的病变。以两天一次水为宜。高温时候注意不要在中午气温高时浇水，比较适合在晚上浇水。早上浇水因为洋桔梗的根系较弱，还没有完全吸收就会遇到中午的高温而伤根。开花时候不要让盆土干旱，否则会影响花茎生长和花朵的大小。

病害防治

害虫主要是蚜虫、蓟马等。可用乐果按说明调配浓度喷洒，一般几次之后可以清除干净。

病害主要可见茎枯病、叶斑病等，一般用多菌灵按照说明调配浓度喷洒。病害防治以预防为主，避免长期高温高湿，加强通风和光照。

扦插繁殖

理论上来说，洋桔梗可以有三种繁殖方式：播种、扦插和组培。但是家庭养殖用后两种方法比较困难，所以仍以播种方式为主。

育种

洋桔梗开花之后，可以用棉签进行人工授粉。沾一下花粉点在雌蕊上即可。花谢后，花朵基部膨大。结种子，等到种荚变黄就可以采下，采下就可以播种，或者等到秋凉播种。种子越新鲜，发芽率越高。

洋桔梗和桔梗虽然只差一个字，但是二者有显著的不同，这一点在购买种子的时候要注意。洋桔梗因为秀美、清新、雅致的优美姿态得到大家的喜欢。家庭种植既可以剪下来做切花，也可以放盆栽欣赏，而且每年能收种子自行生长，是家庭盆栽非常好的选择。

彼岸花

《法华经》中的有四花之一，原文："天雨曼陀罗华、摩诃曼陀罗华、曼殊沙华、摩诃曼殊沙华。"其中的曼殊沙华就是我们下文所说的彼岸花。无论是曼殊沙华还是彼岸花，都有非常优美的意境。每到秋分时节，沿小路开满的彼岸花，真是妖娆无比。也有人说黄泉路边也会开满这种美丽的花朵，所以也称做"地域花"。于是很多人热爱它，也有很多人畏惧它。对我来说，妖娆妩媚不是被忌惮的理由，既然有那么美丽的事物存在，就应该被大家欣赏。

产地

原产于中国、日本，是亚洲地区比较有代表性的一种球根植物。石蒜科石蒜属，所以也可以称它为石蒜。彼岸花开花的时候不长叶子，一般都是开完花之后才长，所以开花的时候所见就是一根1米长的茎，上面开着一朵华丽的花，完全没有叶子。

播种要点

彼岸花一般盛开在秋分前后，在春季种植。

种子的选择：因为是球根植物，所以在种球的选择上，必须要选择球体膨大饱满，没有斑点和霉点的健康种球。如果发现霉点，擦去霉点之后，用1000倍多菌灵溶液浸泡40分钟左右而后阴干即可。彼岸花的球根会有几层黑色的膜保护球根，种植的时候不用剥去。

使用腐埴质含量高、透水性好的土壤，微酸土壤也较好。家庭可以使用园土、泥炭土、珍珠岩以6:2:2的比例混合种植。种前加入适量的底肥。

盆的选择视球根的大小。一般8cm以上的球可以单个种在直径20cm的盆中，可用深盆，方便根系的舒展。小球可以几个合种，间距控制在4cm以上即可。

一般球根的种植深度至少要有一个球根的高度。彼岸花可以先埋土至球的2/3处，以后按需要再填土。

种植好之后浇一次透水，让土与球根完全贴合，之后不到盆土干透就不用浇水。因为球根植物非常怕积水，积水容易烂球。等到叶子长出，可进入正常管理。

假植与定植

球根植物一般都是直接种，不需要定植。

种植注意点

温度：最佳生长适温(日温/夜温)为5℃~25℃。春秋季生长，夏冬季休眠。种植时保持盆土湿润，但不要积水。

生长的需光性和其他生长条件：喜爱阳光，必须阳光充足，对植株生长十分有利。如果光照不足，植株会徒长，茎叶细长且容易倒伏。

排水

要求土壤排水要畅通，绝不可积水。最好不要淋雨，否则雨水积水处会腐烂。如果碰到雨天可以把盆侧放以排除积水。

塑型

可以单种，也可以密植，一棵已经很艳丽，群植效果更好。盛开时节，远望过去，如红云霞霭一般，非常壮观。

施肥

定植时加入有机底肥，平时可每两个月施用一次氮磷钾肥。开花前和开花后可适当增加磷钾肥的比例，促进花大艳丽和种球的膨大。夏季减少施肥，冬季停止施肥。

浇水

每次浇水以盆底透水为宜,因为通常球根种植都是用深盆,所以尽量做到干透再浇，避免积水。夏季休眠期浇水减少,以免烂根。冬季停止浇水。

病害防治

彼岸花因为球茎有微毒，少见虫害,一般以病害为主。

常见病害多为软腐病、炭疽病等等,通常以预防为主。种植前将种球消毒和清洗，种植后每周可施用一次淡淡的多菌灵溶液。注意好浇水量,保持通风,一般可降低病害的发作。

扦插繁殖

一般不扦插繁殖。

育种

彼岸花非常容易繁殖,分球极快。开花之后把花序剪去,挖出分球,把小球单独拿出来种植。种植时候加入有机底肥，稍覆土没过球顶，浇入定根水,此后干透再浇水。很快小球就能长成开花球。

彼岸花是亚洲普遍栽种的花朵,因为位列吉祥四花之一而备受喜爱。亚洲地区有很多宗教故事和民间传说都与它有关。佛经上记载有“彼岸花,开一千年,落一千年,花叶永不相见。情不为因果,缘注定生死”的语句,为它蒙上了一层悲情的色彩,也使其成为诸多爱情故事的媒介埋下了伏笔。也有人说它是天上之花,如能见到,能去除恶,所以如果能在家里养一株,是否也是一件功德的事情呢?

王妃雷神

多肉植物的名字总是很有意思。像王妃雷神，应该是来自于verschaffeltii的音译。但是光看这个名字，总有雷霆万钧、大方高贵且又带一丝妩媚之美。而王妃雷神确实也不负这个名字——株形端正，叶片浑厚有力，叶尖带小小的艳丽的尖刺，叶片像花苞一样层层打开。西游记中有个身穿仙刺的美丽王妃，谁碰到都会被刺到，这形象和王妃雷神非常相配。

产地

原产北美洲的墨西哥。多肉植物。龙舌兰科龙舌兰属，应该属于雷神的某一个小型变种。王妃雷神有很多变异的品种，比如王妃雷神黄中斑、王妃雷神浅中斑等，变异的王妃雷神就比较珍贵，价格也比较昂贵。

播种要点

王妃雷神可以通过分株来繁殖，也可以用种子繁殖。

播种应该选在春季。王妃雷神的种子极其细小，所以播种的时候均匀撒在介质上即可。

播种介质可以如下配置：容器10~20cm口径左右，底层铺一层透水性好的粗植料，然后再铺1~2cm厚的泥炭土加珍珠岩。表层铺一层薄蛭石，种子撒在蛭石上即可。然后用喷壶喷雾喷湿，蒙上保鲜膜保温保湿，保鲜膜上戳一些洞来保持空气流通。

切记浇水要用喷雾，否则种子会被冲走。

发芽温度为18℃~23℃。种子新鲜的话7天左右即可发芽。发芽之后可以缓慢逐渐接受日照。三周之后可以用1%左右的淡氮钾液肥均匀喷雾来补充肥料。

定植

小苗出苗后生长比较缓慢，第二年可以进行分苗定植。种植土可以采用腐殖质含量高的沙质土壤。轻轻把小苗提出，然后放入种植土中，先不要浇水，等缓盆一周之后再浇水，然后进入正常养护阶段。

种植注意点

温度：生长适温（日温/夜温）为21℃~25℃。喜欢干燥的环境。非常耐旱但不耐寒，当冬季低过低过5℃会因冻伤而死亡，所以冬季应放于室内保温过冬，春秋季可以阳光直射。斑叶品种夏季要适当遮阴，否则斑叶容易消失。

生长的需光性和其他生长条件：

喜欢阳光充足的环境。春秋季生长期要多晒阳光，适时浇水施肥。促使植株快速生长。可以耐半阴和干旱。最怕积水，积水极其容易烂根。最好每年能翻盆一次，保持根系生长。种植前加入一些骨粉。

排水

排水非常重要，可用草炭颗粒加上植金石、粗砂等粗植料作为种植介质。浇水之后可以让水很快排出。一旦积水或者水排得较慢，立刻就会烂根，这是种植多肉植物最重要的一点。

塑型

王妃雷神本身造型非常有力，叶片厚实，所以控制徒长就是塑型的关键。加强光照，虽然王妃雷神能耐半阴，但是长期光照不足会让叶片变薄，刺端颜色暗淡。如果没有顶部光照射，最好每隔一段时间转一次方向，以防止植物趋光性导致植株歪长。不要长期处在低温下，低温会产生难看的白斑，影响植株美观。

施肥

王妃雷神不需要很多的肥料，一般翻盆时候加几粒缓释肥即可。要控制磷肥的含量，磷肥多了容易造成植株早开花而死亡。

浇水

王妃雷神非常耐旱，极度怕涝，所以浇过一次透水之后必须要确定植株干透了之后才能浇水。如果叶片发黄，说明浇水太多。浇水次数要随天气变凉逐渐减少，冬季可以停止浇水。浇水最好贴根浇水，水落在叶片上容易引发叶斑病。

病害防治

病害方面主要是叶斑病，可用多菌灵或者代森锌按背后说明的浓度喷洒。

害虫方面防止介壳虫。可以定期检查，如果发现，先用酒精擦拭，然后用牙签把看得见的虫子戳死。再用乐果按说明稀释喷洒，每两周一次，几次过后即可根除。

扦插繁殖

王妃雷神常会有侧芽长出，每年春季换盆时候，可把长根的侧芽掰下，直接盆栽，正常养护即可。

如果侧芽尚没有长出根系，等伤口收干后，放入保温高湿的环境中扦插，扦

插介质可以采用珍珠岩、蛭石等无机介质，很快会长出根系，然后上盆养护。新上盆的植株不要着急浇水，只要上盆之后保持介质的湿润即可。

育种

王妃雷神在花开之后会结出种荚。种荚成熟后可摘取下来，放阴凉干燥处保存，等待次年春季可进行播种。

但是王妃雷神在开花后会整株死亡，所以通常有了花序要及时剪除。王妃雷神长大要花比较长的时间，如果不是为了育种，建议不要播种繁殖。

王妃雷神适应性很强，耐旱，新手种植只要注意不要经常浇水，以及冬季保温，基本上就能一直看到王妃雷神的美丽身姿。虽然是小型龙舌兰，也比一般的多肉要大些，适合养在外飘窗台上面。

网纹草

要想让我这个爱花的人喜欢上叶子植物是很不容易的，除非它们有非常惊人的美丽叶片。网纹草就是其中的一类。叶如其名，叶子上布满了网状的花纹，像叶片上面的交通道，非常有趣。网纹草现在是插花和生态园艺中非常重要的一种植物。用它做成的插花，叶片生动，有普通叶子难以企及的夺目。做盆栽也很合适。

产地

原产于南美洲秘鲁。蔓生植物，爵床科网纹草属。因为叶片上面清晰地叶脉颜色被形象的叫作网纹草。网纹草分为白网纹草和红网纹草，顾名思义在于叶脉的颜色不同。

播种要点

因为网纹草是观叶植物，所以一般网纹草的繁殖以扦插为主。

定植

小苗需要上盆定植要注意以下几个方面：底层可用粗植料作为排水层，然后铺上泥炭土、珍珠岩和蛭石的培植土，混合一定的有机底肥，再铺一层培植土，防止肥料和根系直接接触引起烧根。

种植注意点

温度：网纹草生长适温（日温/夜温）比较广，最佳生长适温为15℃~30℃。喜温怕冷，冬季要保温。低过10℃时会停止生长进入休眠，气温到零度植株会死亡。

夏季要遮阴，不能曝晒，可经常在叶面喷水来降温。

网纹草比较喜爱阳光明亮的环境，虽然能耐半阴，但是光线不足会让植物徒长，网纹不清晰。

春季至秋季为生长期，基本一年四季都可以观叶，是理想的观叶植物。

排水

网纹草能耐一定的潮湿，但是家庭种植还是以排水比较好的透气土壤种植为宜，这样可以促进植株的生长。不怕淋雨，但不要积水。

塑型

网纹草是蔓性的垂吊植物，可以按照这个特性植入吊盆、壁挂盆等。经过打顶剪枝，可以塑造出丰满的株型，比如球形、瀑布型等等。配合盆的造型，能创造出非常适宜家居摆放的绿植摆设。

施肥

网纹草生长旺盛，相对的要适时增补肥料。但是网纹草根系比较浅，过量的肥料会导致根系腐烂，所以施肥一定要注意不要施用浓肥，在浇水中加入淡淡的液肥即可。即使这样每两次肥水之后要浇灌一次清水，以防止肥料堆积，造成肥害。

浇水

网纹草因为根系比较浅，所以吸收少干得快，要经常补充水分。但是长期的积水也会让根茎腐烂直至死亡，所以要采用排水良好的介质，避免积水。

病害防治

网纹草的病害主要有叶腐和根腐病，可用多菌灵溶液按照说明稀释进行喷洒。预防病害要注意空气流通，肥水管理要适当，不要长期积水，施肥不宜过量。如果出现肥害，叶片会花色减退，发黄干枯。这时候可用清水浇透，加强通风。阴凉处缓苗一周左右观察。

虫害主要有红蜘蛛、蚜虫，以预防病害为主。平日注意通风，不要过于潮湿，也不要干热。叶面经常喷雾可以有效防止红蜘蛛，其他可用乐果1000倍溶液喷杀。

扦插繁殖

网纹草以扦插和分株繁殖为主。

扦插方法如下：

扦插枝条的选择：选择健康没有病变的枝条，大约8~10cm截成一段，至少要有3个以上的节茎，摘去底部的叶子，等伤口稍微晾干收缩即可插入扦插介质中。

介质采用家常用扦插介质泥炭土地、珍珠岩、蛭石以6:2:2的比例加入少量多菌灵拌匀，扦插时喷湿。

扦插时候以插穗插入介质3~5cm，以叶子接近土壤表面为宜。扦插结束后喷水保湿，大约15天左右即可生根。

扦插后的管理：

网纹草本身是半阴性植物，所以等小苗长至比较强壮之后再进行逐步见光。

分株繁殖比较简单，因为网纹草是匍匐茎，所以贴近土面的匍匐茎上面常会自然生出很多的须根，只要截取带健康须根的那段茎，就可以直接上盆，缓苗一周后，进入正常的养护阶段。

育种

网纹草也会开花结种子，但是家庭一般不育种繁殖。

网纹草出现的时间不算长，大约只有50年的时间，但是普及的速度非常之快，这和它的美丽有莫大的关系。作为观叶植物，观赏期间长，除了冬季需要保温之外，几乎可以粗放任其自然生长，而且可以按照自己的喜好来打造株形。这么有趣的植物，你还等什么呢？

新天地

我到现在也不知道为什么它会叫新天地。记得在花市见到，就被它红绿的撞色惊到了，搬回家的时候，花费了很大的工夫才查到了它的名字。每次浇水时候那红艳艳的刺甚至比花更吸引我的目光，所以我在这里也推荐给大家这款非常漂亮的仙人球。

产地

原产阿根廷。多肉植物。仙人掌科裸萼球属。又有叫作豹子头的，不过觉得没有新天地好听和形象。刺红色，花开粉红或白色。

播种要点

可以用种子繁殖。

播种应该选在春季。新天地的种子极其细小，所以播种的时候均匀撒在介质上即可。

播种介质可以如下配置：容器 10~20cm 口径左右，底层铺一层透水性好的粗植料，然后再铺 1~2cm 厚的泥炭土加珍珠岩。表层铺一层薄蛭石，种子撒在蛭石上即可。然后用喷壶喷雾喷湿，蒙上保鲜膜保温保湿，保鲜膜上戳一些洞来保持空气流通。切记浇水要用喷雾，否则种子会被冲走。

发芽温度为 18℃~23℃。种子新鲜的话 7 天左右即可发芽。发芽之后可以缓慢逐渐接受日照。三周之后可以用 1%左右的淡氮磷钾液肥均匀喷雾来补充肥料。

定植

小苗出苗后生长相对比较快。但最好在第二年可以进行分苗定植。种植土可以采用腐填质含量高的沙质土壤。轻轻把小苗提出，然后放入种植土中，先不要浇水，等缓盆一周之后再浇水，然后进入正常养护阶段。

种植注意点

新天地喜欢温暖的天气，冬季会自行休眠。休眠时候减少浇水，不要施肥。冬季注意保温，夏季放置阴凉通风处即可。

温度：生长适温（日温/夜温）为 15℃~30℃。当冬季低过低过 10℃时会自动休眠，低过 5℃时会冻伤死亡。当夏季超过 30℃也会自行休眠，春秋季可以阳光直射。所以冬季应放于室内，夏季要适当采取降温的方法，如遮阴。

生长的需光性和其他生长条件：喜欢阳光充足的环境，也耐半阴，春秋季生长期要多晒阳光。怕积水，积水极其容易烂根。最好每年能翻盆一次，保持根系生长。盆小会限制植株的生长，导致球体生长不良。

排水

排水非常重要。可用腐叶土、粗沙、珍珠岩等粗植料作为种植介质，浇水之后可以让水很快排出。一旦积水或者水排得较慢，立刻就会烂根。

塑型

仙人掌类的植物一般都是靠光照来调整株型。加强光照，否则球形徒长破坏株形。如果没有顶部光照射，最好每隔一段时间转一次方向，以防止植物趋光性导致植株歪长。

施肥

新天地生长比较快，翻盆时候可以适当加入底肥，平时则可以不用过多地施用肥料。

浇水

春秋生长期，可以充分浇水满足球体生长的需要，但不要积水，保持土壤排水通畅。而夏季休眠期，初夏开始则逐渐减少浇水，到了酷夏时期则停止浇水，如果温度低过30℃便逐渐恢复浇水。冬季减少浇水，低过5℃停止浇水。

病害防治

病害方面主要是根腐病和炭疽病，可用多菌灵或者代森锌按背后说明的浓度喷洒，平时注意排水和通风。

害虫方面防止介壳虫。可以定期检查，如果发现，先用酒精擦拭，然后用牙签把看得见的虫子戳死，再用乐果按说明稀释喷洒，每两周一次，几次过后即可根除。

扦插繁殖

新天地很容易出现小籽球，可以把小球掰下进行扦插繁殖。扦插方法如下：

准备扦插用培植土，用上面介绍的播种土即可，掰下小球放在介质上，用喷壶喷至微湿。然后保湿，之后看见干了再稍微喷一下，大约半个月之后就能生根。两个月之后可以移植做正常管理。

育种

新天地花谢之后会结种子，可进行人工授粉。

新天地是我比较喜欢的仙人球之一。说实话，在此之前我并不怎么喜欢仙人掌类植物，这颗新天地却让我对其看法大为改观，从此产生了浓厚的兴趣。仙人掌类植物是个庞大的家族，有非常多有趣的品种。大家想了解的话，不妨就从新天地开始吧。

茉莉

“好一朵美丽的茉莉花/好一朵美丽的茉莉花/芬芳美丽满枝丫/又香又白人人夸/让我来把你摘下/送给别人家/茉莉花呀茉莉花”

这是身为南方人的我，从小就耳熟能详的民歌。茉莉是南方花卉的象征，它纯洁无瑕，花香四溢。小时候我常常把新开的茉莉别在胸前，一整天都有甜香伴着。现在的我依然非常怀念小时候的味道。那时候几乎家家都种着那种双瓣的茉莉，一到夏天，整条街都是茉莉的香味。家中没人时我候常常被邻居叫去吃晚饭，随便去哪家都感觉在自己家里一样，每个人都是那么亲切，这样的感觉在现在的楼房中已经很难再找到。所以我家中常备的品种中就有茉莉花，时刻提醒自己与人亲近的道理。

产地

原产于印度和巴基斯坦。但是我国很久之前就已经引进，几乎已经算是本土花卉。常见的盆栽花卉，因为其花香浓郁为大家喜爱。属于木樨科茉莉花属。观赏闻香食用皆可。茉莉精油被称为“精油之王”，和玫瑰精油一样昂贵。

茉莉一般分为三大类：

单瓣茉莉：以北方种植为多。植株较为矮小，垂吊型，也称为藤本茉莉。茎较细。花瓣单层，花瓣头上稍尖。一般在傍晚五六点钟盛开，是茉莉花茶的熏制原料。

双瓣茉莉：最为常见的茉莉。直立灌木。花型饱满，一般在傍晚八九点钟时候盛开，可开放一天。双瓣茉莉比较耐寒耐湿，易于栽培，是家庭种植的不二选择。

多瓣茉莉：花朵小而多，也叫小茉莉。一般在傍晚七八点钟时候盛开，开放时间比较长，但是香气比较淡。

播种要点

茉莉一般通过扦插法或者高压法来繁殖。

种植注意点

温度：生长适温(日温/夜温)为10℃~25℃。南方冬日零度以上地区可以露地

种植。北方宜用盆栽。栽培基质可用腐埴土、沙土、园土按照 3:4:3 的比例混合,加入适量底肥。不宜用深盆栽种。一般两年要进行一次翻盆。

生长的需光性和其他生长条件:全日照,需高光和暖和气候。喜长时间光照能耐阴,不宜烈日下暴晒。春秋天可以室外放置,夏天移至室内明亮处,冬日保暖。自然条件下,一月播种,茉莉在五月份即可开花。若使其秋季开花,则需在九月一日过后给予长日照处理。

排水

地栽土壤:北方为 30~45cm,南方为 1.2~1.8 米。要求湿润环境,土壤排水要畅通。

长至 30cm 左右重剪一次,留五对叶,可以促进分枝,增加开花量。

塑型

茉莉是需要重度修剪的植物。每次越冬之后,在三四月份可进行一次重修建。首先剪去头年的病枝、残枝还有影响长势的枝条。一般剪到植株的第一级分枝(从下往上数,靠近土壤最近的分叉为第一级分枝),约土上 15cm 处。此后萌发的新枝是一年中最旺盛的枝条。也有在第一批花蕾出现时候把花蕾掐掉,可以集中养分促使下面的花蕾开大开好,等花开一茬之后可以视植株的瘦弱程度进行回剪,因为茉莉越往上长植株越瘦弱,瘦弱的枝条开花不容易。修剪可以促进植株的生长。同时要加强水肥管理,给予充分的光照。

施肥

茉莉喜肥,见太阳 1 个月后,可以浇饼肥水,气温升高可以加大肥量,梅雨天甚至可以施用干肥。花开前应该加施磷钾肥,促进花朵数量。花开时禁止上肥,花开一茬之后要追肥。冬季不用施肥。

浇水

浇水可等干透再浇头,浇水同时可施用淡肥。茉莉上盆时候要浇足一次透水。春秋天可两天一次水,视具体情况而定。夏季可早上一次清水,晚上给一次肥水。早上清水除了补水之外,也是为了稀释前一天晚上的肥水,以免肥堆积形成肥害。冬季休眠期减少浇水以免烂根。

病害防治

茉莉主要的害虫是红蜘蛛。红蜘蛛会危害顶端的嫩叶,以预防为主。经常叶面喷水可预防一些,及时清除病叶,也可以用药物防治。乐果 1000 倍的稀释液和其他杀螨的药物交替使用即可。

病害主要有白绢病和炭疽病,常发于水多潮湿季节,也是预防为主。盆土不要积水,及时清除病叶病枝,用百菌清 1000 倍液喷洒。

扦插繁殖

茉莉一般均采用扦插繁殖。

扦插方法:

扦插时节选择湿度大温度适宜的季节,以四月至十月为佳。

选取健康的一年生枝条,修剪剩余的枝条即可拿来扦插。但是必须有一定的粗壮度,以表皮灰色,略带皱纹的健康枝条为好。注意筛除病枝,然后摘除下部叶片,剪口离芽点必须要 1cm 以上。扦插介质用泥炭土加珍珠岩即可,不要用含肥过多的介质来扦插,否则容易腐烂。用喷壶先把介质喷湿,以下部出水为好。用工具先在介质上戳一个洞,深约枝条的一半左右。把枝条插入,留一个芽点紧贴土面,用手按紧,马上浇水让枝条与土贴合。

扦插后的管理:

温度:插穗生根的最适温度为 25℃~30℃,在 30℃左右 1 个月即可生根。如果温度达不到,可以人工蒙上保鲜膜来增加。

湿度　扦插后必须保持空气的相对湿度在 75%~85%左右,所以应经常喷雾来增加空气湿度。

光照:扦插繁殖离不开阳光的照射,因为插穗还要继续进行光合作用制造养分和生根的物质来供给其生根的需要。但是,光照越强,则插穗体内的温度越高,插穗的蒸腾作用越旺盛,消耗的水分越多,不利于插穗的成活。因此,在扦插后必须把阳光遮掉一些,待根系长出后,再逐步接受光照。

待新叶生出,说明根已经生成,进入正常养护阶段。

也可以用水生根方法来繁殖。

选取健康枝条插入清水中。待长出白色的须根即可上小盆养护。用弱酸土栽种,定植后浇透水,避光半阴处养护 10 天缓苗。待长出新叶就可以正常栽种。

育种

家庭种植茉莉一般都是在花后剪去败花来刺激新芽发出,所以一般不会自结果实。茉莉的果实是深紫色的小圆果,直径大约 5cm 左右。

一卉能熏一室香,也只有茉莉才有这样的美赞。开花时把花搬入卧室,一夜的梦都是甜香的。茉莉的花语是爱情与友谊。在离别时候送远行的人以茉莉花,暗含请君莫离的心意,如同这小小的纯白洁净的花蕾一样,诉说着无限芬芳的友谊。

一串红

想必有很多人同我一样，对一串红有非常美好的回忆。放学路上，我路过一片红艳艳的一串红时，常喜爱挑选那种铃铛小花里更加细长的那种，将里面细长的花朵轻轻拔出来，就可以看见这花骨朵尾部清透的汁液。放进嘴里轻轻一吸，可以尝到甜甜的花蜜，小时候觉得那真是绝顶美味。从此我对这种花坛里面一片一片的红花产生了无限的好感，这种好感一直延续至今。现在我长大了，看见一串红就能想起小时候做的种种傻事，无限怀念。

产地

一串红，原产巴西。唇形科鼠尾草属植物。在我国也叫作炮仗花，因为一串串形似炮仗而得名。一年生的草本。成株约 80cm 高。适合群植。有白色、蓝色、紫色，也有粉红的变种颜色，但不多见。

播种要点

种子的选择：最好是选用当年或前一年采收的种子。种子越新鲜，其发芽率越高。选用籽粒饱满、没有残缺或畸形、没有病虫害的种子。

春播，选在三月播种，最好不要超过六月。种子中等大小，可以纸巾催芽也可以直播。发芽适温为 20℃以上，播后大约 15 天发芽。一串红为好光性种子，括种后不需要覆土，发芽前要经常喷雾保湿。也可用轻洒一些蛭石，在透光的前提下进行保湿，可提高发芽率。寒冷的天气一串红不容易发芽，种子发芽需 20℃以上，温度低于 15℃不发芽。南方温度保持在 20℃以上四季可播，发芽比较快也比较整齐。低于 20℃，发芽不良。

盆土可以选择一般的播种土即可。保温保湿则发芽迅速。6 天左右就可以出苗。

假植与定植

待到当植株已经长出 4 片真叶以上，苗高 5cm 以上时即可移栽定植。时可以从穴盘移出。移苗注意不要伤根。可在穴盆底部轻轻一捏，土和植株就能轻易取出。因为一串红适合群植，可以多株放一个大盆。定植时加入有机底肥和骨粉以及多菌灵，可促进生长。

种植注意点

温度：最佳生长适温（日温/夜温）为 20℃~30℃。气温 5℃以下，叶子会变黄掉落。超过 30℃，植株生长发育缓慢，花、叶掉落。因为是一年生植物，喜温暖湿润、充足阳光的环境，怕寒冷。一串红适应性比较强，对土壤没有太多的要求，喜欢疏松、富含腐埴质的土壤、排水良好的微酸土壤。

春季至初夏为生长期，但是夏季高温期，要遮阴或者喷雾降温，冬季容易被冻伤，如果当成多年生植物养，冬天要保温。春播 7 月即可看花，两年生的老株在五六月间也有花，但不及一年生的繁多。炎夏枝叶虽生长旺盛，但花稀少。

一串红花期比较晚，如果要采收种子，应该在三月初播就开始播种，播种后保温促芽。能提早花期，有助于种子成熟。一串红种子容易掉落不容易收集，也会因天气变冷不能成熟，可以移置室内越冬。收种和扦插都可。

生长的需光性和其他生长条件：一串红是喜欢阳光，必须阳光充足，对植株生长十分有利。如果光照不足，植株会徒长，茎叶细长易倒伏，叶色不绿或微绿，如光照时间过短，叶片会变黄以至于脱落。所以结合天气，保证春秋季全日照，可以放置室外。夏天需移至阴凉通风有散射光处。冬日保暖。

排水

要求土壤排水要畅通，绝不可积水。如积水叶片发黄脱落，株大而稀疏花少。

塑型

一串红生长超过6片叶子可以进行打顶摘心，多打顶可以促进植株多分枝。打顶多少视自身需要，一般从小苗至花苞打顶4~5次即可，可以促使花朵变大，人为调整花期。

施肥

定植时加入有机底肥。在生长期间施3~4次磷肥，至花开前追施一次磷肥。

浇水

生长前期浇水不宜多，春秋天可两天浇一次，夏天进入生长旺期，可以适当增加浇水量，每日浇一次。水多叶片发黄、脱落。

病害防治

植株常见叶斑病和霜霉病。可用代森锌500倍液喷洒，或者用多菌灵按说明稀释喷洒。预防病害方法注意空气流通，肥水管理要适当，不要积水，施肥不宜过量。

虫害多见蚜虫、红蜘蛛等，发现虫害可用乐果1500倍液喷洒。

值得注意的是：一串红最致命的病害是一串红病毒病，又叫花叶病，表现为叶片发黄发皱，新叶变小，植株僵苗不长，慢慢萎缩直至死亡。这种病多为蚜虫传播。所以以先杀灭蚜虫为主，蚜虫杀灭后，用维果2500倍液每周喷洒一次，连续3次。

扦插繁殖

可以选择夏秋季进行。理论上在15℃以上，任何时期都可扦插。

扦插方法：

扦插枝条的选择：

选择健康没有病变的粗壮枝条，大约8cm截成一段。选择泥炭土加珍珠岩的扦插介质，插入其中约3cm深。保温保湿15天即可萌发新芽。一个月左右就可以进行定植。扦插比播种繁殖要快很多,比较容易控制株形。

扦插后的管理:

温度:插穗生根的最适温度为 15℃~30℃,低于 15℃时,插穗生根困难、缓慢;高于 30℃时,插穗的剪口容易受到病菌侵染而腐烂,并且温度越高,腐烂的比例越大。可以给插穗进行喷雾,阴雨天温度较低温度较大,喷的次数则少或不喷。

湿度:扦插后必须保持空气湿度。插穗生根的基本要求是,在插穗未生根之前,一定要保证插穗能够进行光合作用以制造生根物质,所以要带叶扦插。但没有生根的插穗是无法吸收足够的水分来保证自身需要,因此必须通过喷雾来减少插穗的水分蒸发:在有遮阴的条件下,给插穗进行喷雾,每天早晚两次。但是不要让介质过于潮湿,否则容易腐烂。

光照:扦插好的植株放于阳光漫散射处。光照太强,植株水分蒸发过快。可喷雾来缓解蒸发。光照太弱,不能充分进行光合作用。

育种

一串红是自花结种。结种后的种子容易散落,所以要注意收集。种子来年即可播种。新鲜的种子发芽率高。

一串红虽然是非常常见的园艺品种。但是因为群植效果美丽,种植简单,而且种子自发芽能力很强,成为阳台种植很理想的选择。如果你想要一个远望缤纷的阳台,可以考虑考虑它哦!

绣球花

有一种意境，是天空下着淅沥的小雨，青石路的那头站立一位打着油伞的姑娘。青色的衣裳，黑色的裙子，渐渐地模糊拉远……旁边一株淡蓝色盛开的绣球花。

这是在某部电影里面看到的场景。我当时就惊叹绣球花竟然被拍得如此清雅秀丽，未曾想，身边随处可见的绣球花也能成为一种寄托思绪的信物。

产地

绣球花，别名八仙花。日本也称做紫阳花。原产于我国。忍冬科荚蒾属，是一种适合大部分地区播种的植物。

播种要点

因为绣球花很少自然结出种子，所以一般绣球花的繁殖以扦插为主，当然如果有种子的话也可以进行播种。

种子的选择：最好是选用当年或前一年采收的种子。选用籽粒饱满、没有残缺或畸形、没有病虫害的种子。绣球花种子适宜直播，介质用一般的播种土即可，也可用泥炭土加珍珠岩。

先把介质喷湿，然后把种子点播在穴盆里面，覆薄土。绣球花种子嫌光发芽，播种时候要注意这一点。保温保湿，一般一周左右即可发芽。发芽后逐渐见阳光，同时要保湿。

绣球花比较适合秋播，可以选在九月播种，最好不要超过十一月。

发芽适温为 15℃~20℃，在南方，只要温度保持在 20℃以上，四季都可播种。低于 15℃时，发芽不良或者不发芽。

盆土可以选择一般的播种土即可。保温保湿则发芽迅速，发芽后生长迅速。

假植与定植

到长出 3~4 片真叶时进行假植。也就是放进口径约 10~12cm 的小盆种植一段时间。移苗时，注意不要伤根，可在穴盆底部轻轻一捏，土和植株就能轻易取出。上盆后浇透水，保温保湿阴凉处缓苗一周。

第二年春天定植大盆，一般到第三年才会开花。移植适用于 25cm 以上的大盆一棵。

种植注意点

温度：最佳生长适温（日温/夜温）为 20℃~30℃。绣球花比较怕冷，气温在 5℃以下，叶子会变黄掉落直至死亡，但是绣球花必须在 5℃~10℃条件下生长大约两个月的时间，才能在来年开花，所以冬季也不需要太过于保温，搬入室内即可。

稍耐热。度夏比较容易，但忌曝晒，夏日要遮阴。

喜欢温暖湿润的环境，可以稍耐阴。

春季至初夏为生长期，一般六月即可看花，花期约1个月。花开之后加强管理，并且进行重度修枝的话，九、十月份可开第二茬花。

生长的需光性和其他生长条件：绣球花是短日照植物，可以放室内散射光处。阳光过强会缩短花期，这点要注意。对土质没有特殊的要求，以排水良好的腐埴质土壤为佳。绣球花的颜色会随着土壤酸碱度而改变，所以我们常能看见品种一样，但是颜色不一样的绣球花。

排水

绣球花虽然喜欢湿润的环境，但是非常怕积水，要求土壤排水要畅通。积水会导致叶片发黄掉落，不开花，并且引发各种病害。

塑型

绣球花是必须要打顶的植物。尤其是生长过程中，那段时期打顶可以促使花芽多形成，增加开花的数量。开花之后打顶可以减少养分的消耗，促使新枝的萌发。新枝长到10cm左右可以再剪短，这样的修剪程序完全可以把植株修饰成自己想要的形状。

施肥

绣球花对于土壤的酸碱度会很明显地表现在花上面，所以施肥的时候注意一下肥料的酸碱度。一般来说，在定植时期可以加入有机底肥和硫酸亚铁，让土壤维持酸性，有利于植株的生长发育。花前施用磷钾肥来使花开艳丽。

如果喜欢蓝色，希望保持蓝色的话，可以在水中加入硫酸亚铁或者硫酸铝来维持土壤的酸性。如果喜欢红色，可以在土壤中加入石灰来让土壤碱化。注意不可过量。

浇水

浇水按照干透再浇的原则，水大容易叶片发黄掉落。雨季放入室内或者把花盆侧放，一旦积水会烂根叶片腐烂。

病害防治

绣球花虫害较少，主要以预防病害为主。平日注意通风，不要过于潮湿，也不要干热。

虫害有时会有红蜘蛛、蚜虫和介壳虫。叶面经常喷雾可以有效防止红蜘蛛，其他可用乐果1000倍溶液喷杀。

植株常见褐斑病，可用多菌灵按说明稀释喷洒。预防病害要注意空气流通，肥水管理要适当，不要积水积肥，施肥不宜过量。如果出现肥害，叶片会发黄干枯。这时候可用清水浇透,加强通风管理。缓苗一周左右观察。

扦插繁殖

绣球花以扦插繁殖为主。

扦插方法如下:

扦插枝条的选择

选择健康没有病变的粗壮嫩枝条,大约 20cm 截成一段,摘去底部的叶子,留健康的两片叶子即可。基部裹上消过毒的园土加泥炭土以 1:1 混合的,插进泥炭土和珍珠岩按 1:1 配置的介质中,保温保湿,大约 30~50 天可以生根。生根后就可以进行定植,期间注意千万不要拔出来查看生根情况,如果不放心可以使用透明的一次性透明水杯来扦插。

扦插后的管理:

温度:插穗生根的最适温度为 15℃~25℃,所以我们一般选择三月或者十月进行扦插。低于 15℃时,插穗生根困难、缓慢;可以给插穗进行喷雾来保湿。罩上透明盖子保持温度。

湿度:扦插后必须保持空气湿度。插穗生根的基本要求是,在插穗未生根之前,一定要保证插穗能够进行光合作用以制造生根物质,所以要带叶扦插。但没有生根的插穗是无法吸收足够的水分来保证自身需要,因此,必须通过喷雾来减少插穗的水分蒸发。在有遮阴的条件下,给插穗进行喷雾,每天早晚两次。但是不要让介质过于潮湿,否则容易腐烂。

光照:扦插好的植株放于阳光漫散射处。光照太强,植株水分蒸发过快。可喷雾来缓解蒸发。光照太弱,不能充分进行光合作用。

育种

绣球花的花几乎都是无性花,所以结种比较困难,需要进行人工授粉。家庭种植还是建议以扦插为主。

绣球花是我们国家的传统花卉,适宜种在庭院、阳台来美化家居,属于相对来说体积比较大的盆栽花。开花时期很长,而且颜色多变,清新淡雅,因此经常作为绘画的对象。绣球花非常适宜我国的气候,如果阳台面积充足不妨种上一盆,一定会有意外之喜。

日日春

日日春，别名也叫长春花，因为能从春天到秋天开花不断而得名，是在花友中赞誉度非常高的一种家庭种植花卉。每年的夏天，花友们拿出来“秀”的除了牵牛太阳花也只有日日春了。日日春也是一种常见的美化阳台的花卉，因为开花多而且颜色缤纷，成为春夏装点阳台的必备花卉。

产地

日日春，原产印度等南亚地区，由此可见是种比较耐热而不耐寒的植物。

夹竹桃科长春花属植物，是非常有名的园艺品种。因为它的颜色丰富，花期长、花朵繁多深得花友们的喜爱。

播种要点

种子的选择：最好是选用当年或前一年采收的种子。选用籽粒饱满、没有残缺或畸形、没有病虫害的种子。日日春种子颗粒中等，可纸巾催芽也可以直播。纸巾催芽方法如下：纸巾浸水铺在小盆中。种子放纸巾上，倒掉多余水分，遮光。不要选择有香味的纸巾，会影响发芽率。

日日春怕冷喜温暖，所以应该选择春播，可以选在三月播种，最好不要超过六月。

发芽适温为15℃~20℃，播后大约一周左右天发芽。种子为嫌光性种子，括种后需要覆土，发芽前要经常喷雾保湿，可提高发芽率。南方温度保持在20℃以上四季可播，低于15℃，发芽不良或者不发芽。

盆土可以选择一般的播种土即可。保温保湿则发芽迅速，发芽后生长迅速。

假植与定植

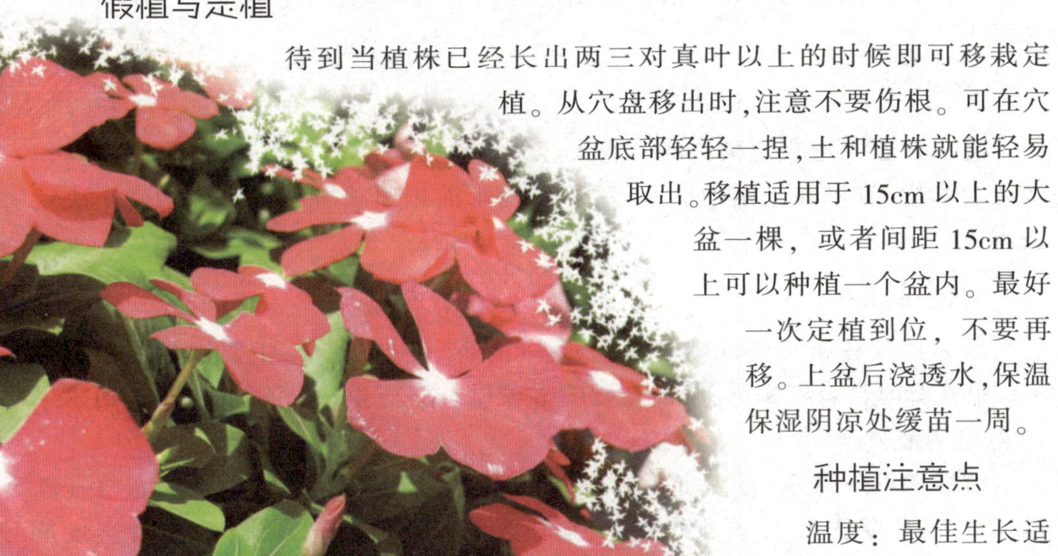

待到当植株已经长出两三对真叶以上的时候即可移栽定植。从穴盘移出时，注意不要伤根。可在穴盆底部轻轻一捏，土和植株就能轻易取出。移植适用于15cm以上的大盆一棵，或者间距15cm以上可以种植一个盆内。最好一次定植到位，不要再移。上盆后浇透水，保温保湿阴凉处缓苗一周。

种植注意点

温度：最佳生长适

温(日温/夜温)为20℃~25℃。日日春异常怕冷,气温5℃以下,叶子会变黄掉落直至死亡。但是日日春非常耐热,所以是夏季阳台的主要花卉之一。因为是一年生植物,喜温暖湿润、充足阳光的环境,耐阳光曝晒。日日春适应性比较强,对土壤没有太多的要求,耐贫瘠。土壤为肥沃、排水良好的微酸土壤为佳。

春季至初夏为生长期,可耐夏季高温期,不耐寒,冬季容易死亡。春播六月即可看花,花期可以到十月。

生长的需光性和其他生长条件:日日春喜欢阳光,必须阳光充足,才能健康生长。如果光照不足,植株会徒长,茎叶细长植株瘦弱不易开花,所以结合天气,保证春秋季全日照,可以放置室外。夏天稍遮阴。如果想过冬天,必须要保证室内温度不能低过10℃。

排水

要求土壤排水要畅通,不可积水。积水会导致叶片发黄掉落,不开花,引发各种病害。

塑型

日日春是要经常打顶的植物,生长超过8cm片就可以进行打顶摘心。打顶可以促进植株多分枝,塑造漂亮的形状,一般会塑造成球形或者半球形,视自己的喜好而定。如果不打顶,日日春会一直往上长。株型单薄,但是过多打顶会影响开花期,所以建议一般以三次为理想次数。

施肥

日日春对肥料的需要一般。定植时加入有机底肥,开花前使用一次磷钾肥即可。

浇水

浇水按照干透再浇的原则。水大容易叶片发黄掉落。不要淋雨,淋浴后积水处会腐烂,可以在土壤中插一只筷子,浇水前拔出查看土壤的干湿度来决定浇水量。

病害防治

因为日日春属于夹竹桃科,所以茎叶有毒。虫害较少,主要以预防病害为主。虫害有时会有红蜘蛛,叶面经常喷雾可以有效防止。如果红蜘蛛多,用乐果1000倍溶液喷杀。

植株常见灰霉病,可用多菌灵按说明稀释喷洒。预防病害方法注意空气流通,肥水管理要适当,不要积水积肥,施肥不宜过量。如果出现肥害,叶片会发黄干枯。这时候可用清水浇透，加强通风管理。缓苗一周左右观察。

扦插繁殖

日日春作为一年生植物，一般都是以播种为主。南方地区可以扦插繁殖，一般选择五月至八月进行扦插。

扦插方法：

扦插枝条的选择：

选择健康没有病变的粗壮枝条，大约 8cm 截成一段，要留两片以上叶子。基部裹上消过毒的园土加泥炭土以 1:1 配置的混合土，插进泥炭土和珍珠岩按 1:1 配置的介质中。保温保湿大约 1 个月可以生根，生根后就可以进行定植。

扦插后的管理：

温度：插穗生根的最适温度为 23℃~30℃，低于 20℃，插穗生根困难、缓慢；可以给插穗进行喷雾来保湿，罩上透明盖子保持温度。

湿度：扦插后必须保持空气湿度。插穗生根的基本要求是，在插穗未生根之前，一定要保证插穗能够进行光合作用以制造生根物质，所以要带叶扦插。但没有生根的插穗无法吸收足够的水分来保证自身需要，因此，必须通过喷雾来减少插穗的水分蒸发。在有遮荫的条件下，给插穗进行喷雾，每天早晚两次。但是不要让介质过于潮湿，否则容易腐烂。

光照：扦插好的植株放于阳光漫散射处。如果光照太强，植株水分就蒸发过快，可喷雾来缓解蒸发。光照太弱则不能充分进行光合作用。

育种

日日春是自花结种，等到果实发黄就可以收种子。结种后的种子容易散落，所以要注意收集。种子来年即可播种，新鲜的种子发芽率高。

日日春是一种非常优良的盆栽花卉，在大多数植物都惧怕的酷暑盛夏依然可以正常开放且花开不断，不用特别费心打理。花朵大且颜色艳丽，叶子翠绿肥厚，是打造夏季鲜花盛开的家居的理想品种。现在日日春的品种越来越多样化，也有垂吊日日春等新的品种，可更加自由地搭配其他花卉组合来营造自己理想中的阳台。

花叶络石

我向来是不大喜欢观叶植物的，非开花植物不种。但是有一次去花市见到这棵花叶络石，则完全改变了我的想法。一颗上面有红色、粉红、白色、淡绿、深绿这么多的色彩，让只有叶子的植株像盛开的花朵一样美丽。而且是藤本，所以垂吊性也非常好。传统的络石我见过，是一种常见的藤本地被植物，所以当店主告诉我这是络石的时候，我简直不能相信这么美丽的植物居然是络石的一个品种。当时我便毫不犹豫地把它买了下来，回家查了资料后发现，花叶络石不仅长得美貌，而且适应性极强，是非常合适盆栽的一种观叶植物。

产地

花叶络石，原产于日本北海道南部地区。夹竹桃科络石属。由原产地可知它的特点就是耐寒耐阴，而且经过了品种改良，能耐热耐旱耐湿，是非常少见的适应力极强的植物。

播种要点

因为花叶络石是观叶植物，所以一般花叶络石的繁殖以扦插为主。

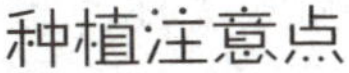

种植注意点

温度：花叶络石的生长适温（日温/夜温）较广，最佳生长适温为5℃~30℃。

花叶络石是强耐阴植物，但是鲜艳的花色要通过光照来获得，所以可以放在室内有散射光处。喜爱酸性至中性的土壤，碱性土壤不可用。和其他络石习性一样，花叶络石生长比较旺盛，比较耐干旱，耐寒冷，耐一定程度的潮湿。

春季至秋季为生长期，基本一年四季都可以观叶，是理想的观叶植物。

排水

花叶络石虽然能耐潮湿，但家庭种植还是应以排水比较好的透气土壤种植，可以促进植株的生长。不怕淋雨，但不要积水。

塑型

因为花叶络石是生长旺盛的藤本植物，所以塑型显得尤为重要。我们可以把花叶络石当做垂吊植物来养，色彩斑斓的叶子垂下来非常美观。期间注意修剪打顶来促使株型丰满，也可以搭架子让它靠着架子生长。按照自己的喜好搭建塔架，长满后的花叶络石像一座彩色的络石树一样美丽，期间注意修剪病枝、枯枝，这样可以促进生长，也能促使颜色更加丰富。如果不喜欢植株过大，可以把植株修剪成球形，这样长成后的花叶络石就犹如新娘的捧花球一样可爱美丽。

值得注意的是，秋末和冬季最好不要修剪，不然在冬季漫长的寒冷期间没有叶子制造足够的养分容易死亡。

施肥

花叶络石生长旺盛，相对要适时增补肥料。其中春夏季节应该以氮肥为主，以促进花叶生长。秋季可以加入适量的磷钾肥，保证植株的营养，促使植物强壮，蓄积养分过冬。冬季可以暂缓施肥，等春季植株重新生长再给予肥料。

浇水

浇水按照干透再浇的原则。花叶络石稍耐湿，但是长期的积水也会让根茎腐烂直至死亡。

病害防治

花叶络石比较强壮，抗病虫能力强。虫害较少，主要以预防病害为主。平日注意通风，不要过于潮湿，也不要干热。

虫害有时会有红蜘蛛、蚜虫。叶面经常喷雾可以有效防止红蜘蛛，其他可用乐果1000倍溶液喷杀。

植株常见茎腐病，可用多菌灵按说明稀释喷洒。预防病害方法注意空气流通，肥水管理要适当，不要长期积水，施肥不宜过量。如果出现肥害，叶片会花色减退，发黄干枯。这时候可用清水浇透，加强通风。阴凉处缓苗一周左右观察。

扦插繁殖

花叶络石以扦插繁殖为主。

扦插方法如下：

扦插枝条的选择：选择健康没有病变的枝条，大约5cm截成一段，摘去底部的叶子，留健康的2片叶子，叶子下面保持2~3cm，上面留2~3cm即可。

介质采用家常用扦插介质。泥炭土、珍珠岩、蛭石以6:2:2的比例，加入少量多菌灵拌匀，扦插时喷湿。

扦插时候以插穗插入介质2~3cm处，以叶子接近土壤表面为宜，扦插结束后喷水保湿。大约15天左右即可生根。

育种

花叶络石以扦插为主，一般不育种繁殖。

花叶络石是新引进不久的植物，作为观叶植物，观赏期间很长，几乎四季无不是观赏期。它不怕病虫害，耐干耐湿，实在是太合适在家中种植。因为耐阴，所以也可以作为办公室植物。想一想，我们在工作忙碌之余看一眼颜色丰富的植物，是一件多么舒心的事情。

狗尾红

狗尾红,顾名思义,花朵像小狗尾巴。红色毛茸茸的,非常可爱。慢慢地会长长,塌下来,变成长的“小狗尾巴”,夹在绿叶当中,赏心悦目。它也是懒人花卉成员,夏季养眼绿植之一。

产地

原产于非洲。大戟科红桑属。因为花序似小狗尾巴而得名。属于常绿灌木。南方某些地区也叫作“岁岁红”,常作为吉祥的馈赠植物。

播种要点

狗尾红一般采用扦插繁殖,用播种繁殖的非常少。种植介质可以用腐埴土加园土再加一份草木灰,比例为 4:4:2。

种植注意点

温度:生长适温(日温/夜温)为 25℃~34℃。狗尾红非常怕寒冷,低于 10℃左右就会萎靡,低过 5℃时基本死亡,是一种不折不扣的热带花卉。

生长的需光性和其他生长条件:全日照,需高光和暖和气候,可在春季后放室外接受全天光照。夏季不必遮阴。冬季必须放置于室内明亮处,并且最好能保温在 15℃之上,否则容易冻伤。如果冬季能顺利过冬,可在来年五月翻一次盆。

排水

要求湿润环境,土壤排水要畅通。

塑型

狗尾红要经常掐尖来促使侧芽长大,掐尖能使得株形饱满,花开变多。

施肥

狗尾红比较喜欢肥料。从移栽上盆开始就应该加入底肥,鸡粪肥或者饼肥皆可,加水时可适当加入氮磷钾肥促进生长。每年春天的翻盆要重新加入底肥,这样新长出的枝条比较健康粗壮。

浇水

狗尾红叶片众多,蒸发量大,而且喜欢高温天气,所以要及时进行补水。大盆可在晚间进行补水同时施用淡肥，小盆可在早晨6~7点再给一次水。早晨的给水要注意排水，积水加上高温会损害根须导致死亡。冬季室内过冬要减少浇水，以免冬季休眠加上积水会烂根。

病害防治

狗尾红的病虫害一般多以红蜘蛛为主要虫害。可用乐果1000倍液喷洒。每周两次，持续1个月。

扦插繁殖

狗尾红一般都是通过扦插来进行繁殖。扦插繁殖不仅可以快速见花，而且成活率高，易于养护。

扦插方法：

扦插枝条的选择：一般我们选择一年左右的健康侧枝用来扦插。大约剪去10cm以上的枝条。一定要带有芽点和2片以上的叶子。选择干净透气的扦插介质，比如珍珠岩等。扦插介质喷湿，然后把枝条插入介质。保持温度在25℃以上，蒙保鲜膜保持湿度。大约1个月左右新芽长出说明生根成功，再过两周左右即可移植。

移植后暂时放阴凉散射光处，放一周后如果没有异常即可逐步接受日照，可用一周的时间来适应，最后可以放室外进行正常养护。

也可以运用水插法先诱发水生根，长出根须后再移入介质移栽。这个方法的成活率也非常高，而且干净，比较适合家庭操作。

我曾经见过一位花友种植的狗尾红，外面配了一个白色竹篮。翠绿的叶子里面伸出一个个毛茸茸的红尾巴，像孵了一窝小狗在里面，真是非常能打动女孩子，唤起她们心中对于小动物的怜爱之心。所以我一向认为，狗尾红是一款非常适合送来讨好女孩子的小礼物，而且好养易活，很适合阳台种植。

黄金宝塔

黄金宝塔是种很有趣的植物。叶子肥厚，叶脉是清晰的银白色。开花时候包片金黄，像宝塔一样一层层叠起。金色配上浓绿的叶子，银色的叶脉，非常的耀眼。

产地

原产于南美洲巴西。爵床科银脉爵床属，常绿灌木类。也叫作银脉花，名称来自于清晰的叶纹。花朵形状特别，花色金黄明亮，花期可以维持 3 个月以上。

播种要点

黄金宝塔家庭繁殖一般以扦插为主。

定植

小苗需要上盆定植要注意以下几个方面：首先，底层可用粗植料作为排水层。其次铺上泥炭土、珍珠岩和蛭石以 4:3:3 配置的培植土。然后混合适量的有机底肥，再铺一层培植土。最后防止肥料和根系直接接触以引起烧根。

每两年可以换一次盆和土，以利于根系的发育。

种植注意点

温度：黄金宝塔的最佳生长适温(日温/夜温)为 15℃~30℃。其喜温怕冷，冬季要保温，低过 15℃会停止生长进入休眠，低过 10℃植株会死亡。夏季要遮阴，不能曝晒，可经常往叶面喷水来进行降温。

黄金宝塔比较喜欢阳光明亮的环境，光线不足会让植物徒长，不开花，叶片不精神，银色叶纹变绿，边界不清晰。

春季至秋季为生长期，冬季保温，基本一年四季都可以观赏，是花叶俱美的观赏植物。

排水

黄金宝塔能耐一定的潮湿，但是家庭种植还是以排水比较好的透气土壤为宜，可以促进植株的生长。不怕淋雨，但不要积水。

塑型

黄金宝塔叶片和花朵都可以欣赏，可以采用紫砂泥盆等透水和透气的盆来栽植。如果庭院栽种要注意冬季保温，夏季遮阴。可以群植，群植效果非常漂亮，也可以单株种植在小盆中作为案台办公室植物，可以一年四季观赏。如果案台用，要定期打顶摘心，这样可以促进植株分枝，有效地矮化植株，让植株丰满美丽。

施肥

黄金宝塔比较喜欢肥料。要氮磷肥同时施用，光施用氮肥会导致叶片上叶脉纹路不清晰。春秋季节每两周施用一次淡液肥，每两次之后要用一次清水，可以起到清洗土中残余肥料的作用,防止肥料盐渍化导致伤根。

浇水

黄金宝塔叶片肥大,所以比较需要水分。如果缺水,叶片就会边缘枯萎,而且这种枯萎是不可逆转的,所以一定要保证水分的充足。生长期可以每天浇一次水,做到土壤排水好不积水。也要注意结合天气,阴雨天气可以减少浇水的次数,如果土壤长期不干会导致根系腐烂,尤其是夏天,不可在正午时候浇水。

病害防治

黄金宝塔的病害主要是根腐病,可用多菌灵溶液按照说明稀释进行喷洒。预防病害要注意空气流通,肥水管理要适当,不要长期积水,施肥不宜过量。如果出现肥害,叶片会花色减退,发黄干枯。这时候可用清水浇透,加强通风。阴凉处缓苗一周左右观察。

虫害主要有红蜘蛛、蚜虫、介壳虫,以预防病害为主。平日注意通风,不要过于潮湿,也不要干热。叶面经常喷雾可以有效防止红蜘蛛,其他可用乐果1000倍溶液喷杀。

扦插繁殖

黄金宝塔以扦插繁殖为主。

扦插方法如下:

扦插枝条的选择:选择健康没有病变的枝条,大约8~10cm截成一段,至少要有3个以上的节茎,摘去底部的叶子,等伤口稍微晾干收缩即可插入扦插介质中。

介质采用家常用扦插介质泥炭土、珍珠岩、蛭石以6:2:2的比例混合,加入少量多菌灵拌匀。扦插时喷湿。

扦插时候以插穗插入介质3~5cm,以叶子接近土壤表面为宜,扦插结束后喷水保湿。大约30天左右即可生根。

育种

黄金宝塔家庭一般不育种繁殖。

黄金宝塔名字吉祥,可以赏叶赏花,可以选择它放在办公室中。工作之余看看绿植是一件非常惬意和放松的事情。

杜鹃

我曾经读到过白居易的一首诗，里面写道："回看桃李都无色，映得芙蓉不是花。"我惊叹能博得这么高赞誉的是什么花，当老师说是杜鹃的时候，我却不能相信。因为杜鹃实在是种太普及的花了，何以能担负得起这么高的标准呢？后来，我认识了一个花友，他酷爱杜鹃，家中收藏了几十个品种，我才恍然大悟是自己"井底之蛙"。杜鹃之美确实是难以言喻的！

产地

原产于我国，杜鹃花科杜鹃花属，我国某些地区也叫作“映山红”。是我国古代四大名花。杜鹃在我国分布极为广泛，种类繁多，形态各异，应用也很广泛，是一种花美且实用的花卉，在家庭盆栽中也是极为重要的一支。

播种要点

杜鹃家庭种植中一般通过扦插法或者高压法来繁殖。育种繁殖多为培育新的品种，家庭不推荐使用。

种植注意点

因为杜鹃品种繁多，生长习性有比较大的差异性。我们拿常见的盆栽杜鹃作为典型来介绍。

温度：生长适温（日温/夜温）为 15℃~25℃，低过 5℃或者超过 30℃时进入休眠。

栽培介质可用腐埴质含量高，排水好的弱酸性土壤，加入适量底肥。一般两年要进行一次翻盆。

生长的需光性和其他生长条件：喜欢明亮的半阴环境和凉爽气候，不宜在烈日下暴晒。春秋天为生长期可以室外放置，夏天移至室内明亮处，冬日保暖。

一般在春季开花。

排水

要求土壤排水性好，因为杜鹃喜欢湿润，所以排水显得非常重要。不要使用透气不好的瓷盆种植，最好使用泥盆、紫砂盆等透水和透气的盆种植。种植之前可以在盆底和盆侧放置旧瓦片作为排水层。

塑型

杜鹃是需要修剪的植物，杜鹃的花芽在修剪后才能受刺激开始生长。一般在三四月份开完第一茬花之后进行修剪，修剪后的新枝一般当年可开花。如果晚于五月份修剪，新枝会遭遇炎热的盛夏，影响开花。修剪还能矫正株型，控制高度，所以勤快地修剪对于养出漂亮的杜鹃至关重要。

杜鹃也是制作盆景的优秀材料，杜鹃根茎造型苍劲，非常适合制作盆景。因为我们这里只谈论家庭盆栽，对盆景的塑形就不多说了。

施肥

杜鹃喜肥，换盆之后要上足有机底肥，以后每周要施用一次淡有机液肥。不建议使用化肥，化肥会导致植株产生依赖性。开花期停止施肥，等花谢后再开始施肥。冬季休眠期停止施肥。

浇水

杜鹃用水最好使用自然水，比如雨水、河水等。家庭种植用的自来水最好是把水放置 1 天左右，等其中的氯气散发掉再用，不然其中的氯成分会导致种植土慢慢板结。如果家庭有养殖鱼或者乌龟等水生动物，也可以用换下来的废水浇杜鹃。如果在北方，自来水碱性比较高，可以适当用些硫酸亚铁减低酸碱度。

注意杜鹃喜欢阴湿的土壤，不能让盆土长时间处于干旱。冬季休眠期可以适当减少浇水，而且冬季浇水最好在一天中气温最高的中午浇水，避免晚间浇水产生冻害。夏季浇水也要减少，多进行叶面喷雾进行保湿降温，避免盛夏中午浇水，宜在傍晚浇水。

病害防治

杜鹃家庭种植主要的害虫是红蜘蛛和介壳虫， 还有一种害虫在北方不常见，叫军配虫，以预防为主，及时清除病叶。药物防治可用乐果 1000 倍的稀释液喷洒，因为害虫还有虫卵孵化期，所以可以每周喷洒一次，连续 3~4 次之后再进行观察。

病害主要有褐斑病，常发于水多潮湿季节，也是预防为主。盆土不要积水，及时清除病叶病枝。用百菌清或者多菌灵按照说明稀释喷洒。

扦插繁殖

杜鹃一般均采用扦插和高压法繁殖。

扦插方法：

扦插时节选择湿度大温度适宜的季节，以五六月份为佳。

选取健康的一年生的半木质化枝条，修剪剩余的枝条即可拿来扦插。注意筛除病枝。然后摘除下部叶片，剪口离芽点必须要 1cm 以上。扦插介质用泥炭土加珍珠岩即可，不要用含肥过多的介质来扦插，否则容易腐烂。用喷壶先把介质喷湿，以下部出水为好。用工具先在介质上戳一个洞，深约枝条的一半左右，把枝条插入，留一个芽点紧贴土面，用手按紧，马上浇水让枝条与土贴合。

大约 1 个月左右待新叶生出，说明根已经生成，进入正常养护阶段。

杜鹃的根系发育非常缓慢，要有足够的耐心来等待，忌小苗用大盆，可根据杜鹃的生长情况结合翻盆来调整盆的大小。

育种

家庭种植杜鹃一般不通过育种来繁殖，育种一般只适用于花卉新品种繁殖的时候使用。

杜鹃的花语为“爱的喜悦”。传说在云南，当满山的杜鹃花开的时候就会有爱的降临，所以如果在家中种上一株杜鹃花，当它盛开的时候，一样能感觉到爱降临的感觉吧。

红掌

红掌是种不像花的花。虽然那片掌绚烂如火，但我总觉得不如花朵娇嫩可爱。直到有一天我去参观一个画展，门口摆放的巨大的红掌花艺插花让我惊呆了。它们那么热烈那么奔放，确实有着一般花卉没有的气魄。从此我对这个不像“一般”花的植物刮目相看了。

产地

原产南美洲热带地区。天南星科花烛属。因为花型像托着蜡烛的手掌，所以到我国又称之为红掌，国外也有叫火鹤花。红掌的特别之处是它的花型，像燃烧火焰中的蜡烛。

多年生的草本植物，终年都可开花。

播种要点

家庭种植一般很少自己播种红掌，一般是购买或者扦插和分株来得到新的植株。

如果有种子，播种方法如下：可采用穴播或者直播。因为小苗根系很弱，所以建议直播。如果有条件限制必须要穴播的，播种之前可以先放清水中浸泡一个小时，然后将新鲜的种子均匀撒在穴盆内，覆盖薄土。播种介质可以采用一般的播种土。播种土一般 pH 值会呈弱酸性，比较适合红掌的播种。不要选择弱碱性的播种土。播种后保温保湿，发芽温度最好在 25℃~30℃左右，最利于发芽。

种植注意点

因为原产于热带的关系，所以比较喜欢温暖湿润的环境。高温高湿比较有利于红掌的成长。

温度：生长适温（日温/夜温）为 20℃~32℃。

生长的需光性和其他生长条件：

红掌是半阴植物，可以放在阳台的散射光处，不要进行阳光直射。红掌比较害怕寒冷，温度低会产生僵苗现象，气温低过 15℃时要放进室内保温。

红掌对培养介质的酸碱度要求比较高，要求介质的酸碱度控制在 5~6 之间。对盐的成分比较敏感，所以在种植之前最好用 pH 试纸提前进行测试。

排水

因为原产地常附着在岩石或者树干上，所以不能在长期积水的地方生存，家庭种植要保证介质的排水性佳。不要淋雨，如果碰到下雨可以侧放盆来防止积水。

塑型

红掌的形状受土壤酸碱度影响大，如果 pH 值比它所需要的小，会引起花茎缩短，花朵颜色暗淡变小。光照也会对美观度产生影响，光照弱，植株纤弱，光照强，植物容易被灼伤。因为红掌叶片具有很重要的观赏性，而且受伤之后会影响整个植株的美观，所以对光照也要格外注意。另外要定期去掉一些瘦弱的分株，以免争夺母株的营养，造成植株孱弱不健康。

施肥

红掌叶表覆盖蜡质，所以施肥建议直接施在土中效果比较好，定植时候加入有机底肥。生长期每周还可以施用一次液态的氮磷钾肥水，开始前加重磷钾肥的比例。如果是用自来水稀释，注意一下肥水的酸碱度。

浇水

红掌的浇水比较复杂。红掌在幼苗期必须要保持盆土的湿润，因为幼苗时期根系纤弱，不能干旱伤及根系。等长成中苗，要注意在保持湿润的同时防止盆中积水过多导致烂根。等长成成株可以等干透再浇水，但是注意干的时间不宜过长，以免植株叶片枯萎。浇水时候注意不要浇到叶片，尤其是秋冬季，不要让叶片沾水过夜。

病害防治

红掌的常见病害主要有枯萎病、叶斑病、根腐病等。发病之后要立即同其他的植株隔离开来，然后喷好生灵溶液。平时可半月施用一次淡淡的多菌灵或者好生灵溶液预防。如果溶液在叶子上产生斑点，不用擦掉，可以起到预防病害的作用。

家庭养殖虫害多见为红蜘蛛和介壳虫。可用乐果按照说明稀释喷洒，几次之后即可根除。

平时加强光照和通风，还是以预防为主。

扦插繁殖

红掌可以通过扦插和分株来繁殖。

分株相对比较简单，最好能在春季植株开始生长的时节进行分株。分株的方法为：把长根的分枝剪下来，伤口晾干，在多菌灵溶液中浸泡半小时左右，晾干后可种植在适宜的介质中。注意分枝必须要带有 4 片以上的叶子才能进行分株，否则植株过小不容易存活。

扦插的方法为：将枝条剪下来，每 2 节枝条为一个插穗，去掉叶片，插在干净的介质中。介质可采用采用常用扦插介质，注意酸碱度要呈弱酸性，温度保持 25℃以上，不要超过 35℃。一般几周可以长根，等插穗长出新芽即说明扦插成功。等长出 4 片叶子以上时候可以移植。

育种

红掌在原生态情况下是通过小昆虫授粉来进行育种的，家庭种植不具备这个条件，所以我们要进行人工授粉。人工授粉很简单，用棉签或者小毛笔即可完成。授粉成功后种荚膨大。等种荚发黄就可以采收，采集后可以立即播种，增加发芽率。

红掌是一种在插花上用得非常多的切花品种，家庭种植也很普及。红掌开花花期可持续几个月，加上色彩艳丽，造型别致，有一帆风顺的含义在其中，所以赢得很多人的喜爱。红掌的花语是热烈、热血，放在室内很有朝气蓬勃的感觉。这种气场是其他花卉很少具有的，热爱生活的朋友可以试种一盆哦。

蝴蝶兰

蝴蝶兰曾经是一种非常昂贵的观赏植物。我永远记得2000年在花市见到一株蝴蝶兰,被老板昂贵的售价吓到，又因为非常喜欢而在摊位前流连很久的情形。直到工作之后,我发现蝴蝶兰渐渐不那么难以企及了,遂买了一株白色的蝴蝶兰,非常喜爱。花开了一个多月，有种梦幻不真实的美丽。可惜那时候我没有掌握种植的窍门。当这株蝴蝶兰最后一片叶子掉落的时候,我伤心了很久。次年,别人送了一株苗给我,也教会了我一些种植的技巧,在这里我和大家分享一下。

产地

原产亚洲热带地区。兰科蝴蝶兰属。因为花型如同翩翩飞舞的蝴蝶，所以又称为蝴蝶兰。蝴蝶兰是一种非常适宜家居摆放的植物，花期很长，从第一朵花开始到所有花谢能开 3 个月时间甚至更久。蝴蝶兰花大而且色彩艳丽丰富，从叠生的大叶子中抽出长长的花茎，花茎顶端连开一串的花朵，极富设计感。

播种要点

蝴蝶兰种子非常细小，家庭播种非常难成活，一般通过实验室组培来繁殖：

种植注意点

蝴蝶兰的结构比较特殊，属于兰花中的气生兰。因为原产于亚洲热带地区的岩石缝中，所以发展出气生根。气生根既喜欢温暖潮湿的环境，又特别怕积水，一旦长期泡在水中，气生根会腐烂导致植株的死亡。

家庭种植可以采用水苔，

大颗粒植料等。在这里我介绍一个自己试过的比较容易成功且省心的方法，适合家庭操作：

先准备一个大的塑料饮料瓶，最好是透明无颜色的那种。剪去圆锥形的上半部分，然后在离底部3~5cm处，通常就是离底最近的凹处，用剪刀扎直径约3~5mm的小孔，间距5cm左右，然后把蝴蝶兰烂根剪掉，泡多菌灵溶液约半小时。晾干后轻放入处理好的饮料瓶，不要塞到底，放到叶子底部略低于瓶口即可。然后往里面填陶粒或者浮石等大颗粒植料，起到稳固植物的效果。加满后往瓶中注入清水，清水到扎的小眼处会自动流出，然后放到半阴处即可。以后等水完全干掉再倒入清水或者淡肥。

这个方法是模拟蝴蝶兰的原生态环境，营造气生根所需要的湿润但是又不潮湿的环境，易于家庭打理，而且透明容器能比较直观地看到根系的情况。如果需要可以在外面套上好看的盆，既美观又方便。

温度：生长适温（日温/夜温）为15℃~30℃。蝴蝶兰耐热不耐寒，生长期春夏秋三季。夏季要适当遮阳。极度怕冷，冬季低于15℃会慢慢休眠，低于5℃会冻伤死亡。

生长的需光性和其他生长条件：

蝴蝶兰是半阴植物，可以放在阳台的散射光处，不要进行阳光直射。气温低过15℃要放进室内通风处保温。蝴蝶兰对通风要求也比较高，空气不流通容易产生病害。但冬季也不要放在暖气片上或者对着空调吹干热风，所以蝴蝶兰的冬季养护比较关键，注意保温通风即可。

排水

因为是气生根，排水非常重要。如果用水苔或者类似植料养殖，一定要等干透才能浇水。水苔每年最好更换一次，因为水苔长期使用容易霉变发酸，引起植物病变。

塑型

蝴蝶兰本身就具有很优美的形态。常见的塑型方法是用一根铜丝剪成比花茎略短的长度，弯成自己想要的弧度，然后把花茎按照这个弧度轻轻弯曲。铜丝能贴合花茎的时候用小爪夹夹住即可。

施肥

蝴蝶兰喜欢肥料，除冬季外可持续施肥。施肥建议使用兰花专用肥料，或者夹杂使用无机肥。因为有机肥容易腐败，影响介质的清洁，不建议使用。生长期可选用氮磷钾肥，开花期偏重磷钾肥的比例。

浇水

一定要遵守“干透再浇,不干不浇”的原则,否则很容易烂根。水苔种植的话尤其要注意这个问题,因为水苔保水性非常好,所以浇水时候一定要确定干了再浇水。可以掂盆来估算是否需要浇水,花盆很轻的话一般可以浇水,如果还有些分量,建议等等再浇。

病害防治

蝴蝶兰的常见病害主要有软腐病、灰斑病。发病之后要立即同其他的植株隔离开来,然后喷好生灵溶液。平时可半月施用一次淡淡的多菌灵或者好生灵溶液预防。如果溶液在叶子上产生斑点,不用擦掉,可以起到预防病害的作用。

家庭养殖虫害多见为红蜘蛛和蓟马。因为蝴蝶兰叶子不多,可采用擦拭的方法去除,再加喷洒乐果溶液,很快就能去除虫害。

扦插繁殖

蝴蝶兰结构的特殊性,一般不用扦插来进行繁殖。

育种

蝴蝶兰一般都是采取培育室组培方式来繁殖。家庭想要繁殖,可以等待花谢之后剪去花茎。植株上休眠的腋芽可能会长成新的分株,等分株长出两条以上的根时,轻轻用剪刀把分株连根一起剪下。伤口晾干,在多菌灵溶液中浸泡半小时左右,晾干后可栽种新的介质和盆中。母株的伤口也要进行灭菌处理,在伤口涂抹灭菌粉即可。

蝴蝶兰是一种很受人们喜爱的花卉,作为体面的礼物经常被拿来赠送亲朋好友。我也常常见到因为不知道如何养护,开完花就被扔在野外的蝴蝶兰。其实好好养护,蝴蝶兰是可以年年开花的。所以如果你看了以上的文字,希望不要再把开完花的蝴蝶兰丢弃,好好对待它,下一年一样能开出美丽的花朵来回馈你。

国庆菊

写这一篇的时候正值国庆，街上的国庆菊开得热闹非凡，姹紫嫣红，分外艳丽，营造出非常热烈喜庆的气氛，所以很多人也把它种回了家里，希望秋季能因为它让整个家庭充满节日的热闹氛围。

产地

原产于日本，属于菊科中的垫状小菊，也有叫它千头菊的。因为常被用来在国庆的时候布置广场，所以也被亲切地叫作国庆菊。国庆菊颜色艳丽，花朵众多，丰盆效果极好。家庭种植很容易出效果，是秋季开花的理想品种。

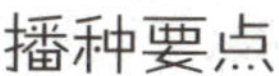

播种要点

播种常常被拿来作为国庆菊新品种的培育，所以家庭播种品种不稳定，不推荐用播种的方法来种植国庆菊。

假植与定植

扦插苗生根达到5条以上可以进行定植。选用腐填土、园土和沙土以4:3:3比例配置的种植土,盆口直径20cm即可。上盆时候注意不要伤根,因为小苗根系尚且比较柔弱。把根系小心舒展放好,往上填土,填到植株最低叶片高度即可。用手轻压一下盆土,让根系和土壤贴紧,然后浇一次透水,放阴凉通风处进行缓苗。长出新叶后可以逐步接受光照,切忌直接阳光暴晒。

种植注意点

温度:最佳生长适温(日温/夜温)为5℃~23℃。国庆菊喜爱凉爽的天气,比较耐寒,能耐一定程度的干旱,怕潮湿积水,种植过程中尤其要注意这点。怕炎热,夏季要放置阴凉通风处。

生长的需光性和其他生长条件:国庆菊喜爱阳光,必须阳光充足,对植株生长十分有利。如果光照不足,植株会徒长,茎叶细长且易倒伏。冬季搬进室内阳光充足处即可。对土壤酸碱度要求不高,喜欢腐填质含量多的土壤。

排水

要求土壤排水要畅通,绝不可积水,所以可以采用排水良好的沙土来种植,也可以在园土中加入珍珠岩改善透气性。最好不要淋雨,否则雨水积水处会腐烂。如果碰到雨天可以把盆侧放以排除积水。

塑型

国庆菊是杂交出来的新型品种,所以分枝性很好,不用多打顶就可自行分枝。当然打顶会起到一定的促枝作用,并且可以控制植株的高度。小苗定植1个月之后就可以进行打顶,如果分枝太多过密应该剪去一些过密的细小枝来保证其他的花的养分。

如果产生下部茎干叶片稀少的情况,说明下部茎干老化,应该剪去上部的健康枝条重新扦插。

施肥

国庆菊喜爱肥料,定植时加入有机底肥,平时每月要实用一次氮磷钾肥。夏季不要施肥,以防止烂根。如果叶片长得过旺可以少施一些氮肥,开花前多施一些磷钾肥可以让花朵数量增多,颜色鲜艳,但是一旦开花就要停止施肥。

浇水

国庆菊怕潮湿,一定要遵守干透再浇的原则,所以除了要保持盆土的排水性好,还要注意浇水的次数。夏季时候尤其要注意,因为夏季浇水过多加上气温过高很容易导致根系腐烂,所以夏季可多采用叶面喷雾的方式。切忌夏季不要在正午时候浇水。应选在夜晚进行浇水,等植株通过一晚上的吸收恢复生气,不会因为温度骤高闷坏根系。

病害防治

常见虫害主要有虫害多见蚜虫、红蜘蛛、白粉介等。发现虫害,可用乐果1500倍液喷洒。平时应该以预防为主,经常叶面喷雾可以有效防治红蜘蛛。定期检查,早发现早治疗效果比较好。

常见的病害有叶斑病、黑霉病等,均以预防为主。保证通风、排水畅通,防止植株过密,可以有效预防。如发病可用多菌灵或者代森锌按照产品背后说明喷洒。

扦插繁殖

国庆菊一般采用扦插法进行繁殖。

方法如下:截取健康的一段茎,约3~5cm,保留或至少一对真叶,以便在长根期间由叶子进行光和作用来补充植株需要的营养。埋入干净的扦插介质中,保温保湿,根系长出并且超过5条以上即可移植。

育种

国庆菊是自花育种,种荚枯黄后就可以采摘种子。种子容易散落,所以要注意采集的时间。但是家庭培育不建议采用播种繁殖,还是以扦插为主。

秋季是菊花盛开的时节,这个时候的菊花品种多,颜色多,很多时候不知道该如何进行选择。上面介绍的国庆菊粗放管理,适应性很强,是秋季非常合适的盆栽品种。试想一下,国庆长假期间家中缤纷热烈地盛开着国庆菊,是不是假期也过得格外生动呢。

紫茉莉

小时候每次放学归来，我总能看见路边盛开的黄色与紫色的小花。形状像小小的喇叭花，有时还会串色，紫色中夹杂一丝黄色或者黄色带了一片紫色，有淡淡的花香。妈妈说那叫“夜夜香”。它们总在我放学的傍晚开花，几乎是我回家路上唯一能见到盛放的花朵了。我常常收集它的果实来玩，果实又圆又硬，黑黑的还有纹路，像个小地雷，同学们也叫它“地雷花”。直到有一天我在花友家看到，才知道它真实的名字——紫茉莉。

产地

原产于南美洲。紫茉莉科紫茉莉属，在民间又被叫作“地雷花”。夏季傍晚时候开花。花期长且花量丰富，是一种观赏价值很高的家庭盆栽花卉。

播种要点

种子的选择：最好是选用前一年秋天采收的种子。种子保存的时间越长，其发芽率越低。选用籽粒饱满、没有残缺或畸形、没有病虫害的种子。

种子粒大，家庭种植可进行催芽。

催芽方法：纸巾浸水铺在小盆中，种子放纸巾上，倒掉多余水分。遮光。最好不要选择有香味的纸巾，会影响发芽率。

适宜春播，嫌光发芽，不太适合直播，可播于穴盆中。发芽温度为15℃~21℃，一般一周左右发芽。发芽后保温，阳台种植可用保鲜膜覆盖来保持湿度，湿度保持在95%以上。

家庭种植一般泥炭土加珍珠岩即可作为播种土，播种土加入少量杀菌剂或者高锰酸钾进行消毒。

假植与定植

小苗出 4 片叶子左右时假植入 5~8cm 口径的中盆。因小苗柔弱,移植时候注意不要伤到根系。上盆之后先放阴凉处缓盆一周的时间,再逐步接受光照。

长出 10 片叶子以上的时候可以定植入大盆,定植选用腐埴质含量高的沙土和园土的混合土即可。

定植时加入有机底肥。因为紫茉莉根系强壮发达,建议使用深盆来种植。定植上盆同样需要缓苗一周。

种植注意点

温度:生长适温(日温/夜温)不低于 10℃。因为原产于热带地区,所以非常怕冷,喜欢温暖的环境,所以春秋季生长旺盛,夏季要适当喷水降温,不能曝晒。冬季要保温。

生长的需光性和其他生长条件:全日照,需高光和暖和气候。喜长时间光照不能耐阴,夏季要遮阴。冬日保暖可保持不死,到来年萌发新枝条。

排水

要采用排水好的种植土,保持土壤排水通畅,不要积水。

塑型

紫茉莉室外种植能长至 1 米高左右,家庭种植如果不想要那么高,可以通过不停打顶摘心来控制株型。而且紫茉莉是枝头开花的植物,打顶摘心还能有利于花朵数量的丰富。

施肥

紫茉莉喜爱肥料,除了定植时候的底肥外。还可以每月施用两次有机淡肥。开花之前施加一些磷钾肥有利于开花。

浇水

因为紫茉莉株型相对较大,水分蒸发量也比较大,所以我们可以视天气情况每天晚上浇水。切忌正午时候浇水。

病害防治

紫茉莉要注意防止蚜虫和介壳虫,如有虫害依说明稀释喷洒乐果即可。平时应该以预防为主。加强通风光照,经常在叶面喷水等。

紫茉莉比较强健,病害比较少,可每月施用一次很淡的多菌灵溶液进行预防。

扦插繁殖

紫茉莉繁殖的方法很多，常见的除了播种繁殖，还可以进行扦插和茎块繁殖。

扦插方法：

剪下植株 8~10cm 左右的茎，茎上必须要带两片以上叶子和两个以上嫩芽。扦插介质可以采用常用扦插介质，即泥炭土、珍珠岩、蛭石按 4:3:3 配置，其中珍珠岩含量可适当加多些，达到 3:4:3 也可以。

育种

紫茉莉是自育种植物。因为是风授粉植物，所以不同颜色容易杂交，而出现花朵颜色不纯的现象。

紫茉莉是种粗放型管理的植物，家庭种植非常简单，只要能保证通风和水，基本都能长得非常精神，而且花多数量多，花色艳丽。如果每天下班回家就能看到那盛放娇颜的紫茉莉，是不是一天的劳累也轻松了许多呢？

宝草

我养的第一盆多肉就是宝草。那是我在夜市看到的，当时拖车上放了很多小小的盆栽，身边的男生便买了这一盆送给我。我想要好好养，便查了很多的资料，慢慢地我喜欢上了多肉，又慢慢地爱上了种花，所以，宝草对我来说是非常有启蒙性的小草，它带我进入了多彩的植物世界。

产地

原产南非。多肉植物，百合科十二卷属。也被叫作水晶掌。和玉露有些像，不同的是玉露顶窗透明，而宝草叶片都呈半透明状，叶片上有细小的锯齿，这一点和百合科名贵品种“曲水之宴”又有几分相似。

播种要点

宝草可以通过分株来繁殖，也可以用种子繁殖。

播种应该选在秋季。宝草的种子极其细小，所以播种的时候均匀撒在介质上即可。

播种介质可以如下配置：容器 10~20cm 口径，底层铺一层透水性好的粗植料，然后再铺 1~2cm 厚的泥炭土加珍珠岩。表层铺一层薄蛭石，种子撒在蛭石上即可。然后用喷壶喷雾喷湿，蒙上保鲜膜保温保湿，保鲜膜上戳一些洞来保持空气流通。

切记浇水要用喷雾，否则种子会被冲走。

发芽温度为 18℃~23℃。种子新鲜的话 7 天左右即可发芽，发芽之后可以缓慢逐渐接受日照。三周之后可以用 1%左右的淡氮磷钾液肥均匀喷雾来补充肥料。

定植

小苗出苗后生长比较缓慢，第二年可以进行分苗定植。种植土可以采用腐埴质含量高的沙质土壤。轻轻把小苗提出，然后放入种植土中，先不要浇水，等缓盆一周之后再浇水，然后进入正常养护阶段。

种植注意点

宝草既不属于冬季也不属于夏季多肉植物，主要生长期在春秋两季节。冬季会自行休眠。休眠时候减少浇水，不要施肥。冬季注意保温，夏季放置阴凉通风处即可。

温度：生长适温（日温/夜温）为20℃~28℃。当冬季低过低过3℃会因冻伤而死亡。夏季超过30℃会自行休眠，春秋季可以阳光直射。所以冬季应放于室内，夏季要适当采取降温的方法，如遮阴。

生长的需光性和其他生长条件：

喜欢阳光充足的半阴环境。春秋季生长期要多见阳光，适时浇水促使植株快速生长。如果光照长期不足，会导致叶片瘦弱，植株徒长。不能阳光曝晒，曝晒会导致叶片灼伤，而且灼伤不可恢复，尤其要注意。不要积水，积水极其容易烂根。最好每年能翻盆一次，保持根系生长。

排水

排水非常重要。可用草炭颗粒加上植金石、粗砂等粗植料作为种植介质，浇水之后可以让水很快排出。一旦积水或者水排得较慢，立刻就会烂根，这是种植多肉最重要的一点。

塑型

宝草株型端正玲珑，造型别致，叶片透明，所以塑型的要求就是保证水分和不要造成阳光灼伤。如果没有顶部光照射，最好每隔一段时间转一次方向，以防止植物趋光性导致植株歪长。最好每年翻盆一次，剪除老化根系，维持植株的年轻态。

施肥

宝草不太喜欢肥料，可在翻盆时候加几粒缓释肥、骨粉或者少量有机底肥。然后春秋两季每月施用一次有机液肥或磷钾肥。注意刚翻完盆或者小苗不用着急上肥，等生长健壮之后再用肥料。施肥时候在根部施用，小心不要把肥料浇到叶子上，会在有叶子上面出现难看的斑纹，影响植株美观度。

浇水

为了维持宝草叶子的饱满度，不能长期干旱。如果长期缺水，植株会干瘪变形。但是多肉植物普遍耐旱不耐涝,所以土壤排水要通畅。如果希望叶片晶莹饱满,可以剪下一个塑料饮料瓶的锥形顶部罩住植株外部,营造一个湿度高的小环境。但要每天要揭起来通风,否则长期闷着植株也很容易腐烂。切记夏天要把盖子揭下来保持通风,否则容易腐烂。

夏季休眠,初夏开始逐渐减少浇水,酷夏时期停止浇水。温度低过30℃时开始逐渐恢复浇水,冬季减少浇水。低过5℃时停止浇水。

病害防治

病害方面主要是根腐病,可用多菌灵或者代森锌按背后说明的浓度喷洒。

害虫方面防止介壳虫,可以定期检查,如果发现,先用酒精擦拭,然后用牙签把看得见的虫子戳死,再用乐果按说明稀释喷洒。每两周一次,几次即可根除。

扦插繁殖

宝草常会有侧芽长出,每年春季,可把侧芽掰下,有根系的侧芽可以直接盆栽,正常养护即可。如果侧芽尚没有长出根系,等伤口收干后,放入保温高湿的环境中扦插,很快会长出根系,然后上盆养护。新上盆的植株不要急浇水,只要上盆之后保持介质的湿润即可。

育种

宝草结种需要进行人工授粉。到了开花季节,会从植株正中长出长长的花序。花序顶部开花之后进行人工授粉,种荚变黄后可以采收。种子比较小,采后可以马上播种,新鲜种子发芽率比较高。

宝草是种可以粗放管理的植物。因为比较耐阴,所以也很适合放在办公室中。

兰花

兰花是传统的中国名花，也是四君子之一，它既高雅又恬静。即使只有几片舒展的叶片都能成就一种蕴含意境的画面，以花、叶、香气的四清博得千百年来人们的无限赞誉。家中如有一盆，不仅可以欣赏到清新的叶子，优雅的花朵，还有阵阵幽幽的兰香，给人无限的遐想。

产地

兰花,原产中国。兰科兰属。我国作为源产地之一,兰花种类丰富,种植兰花的历史悠久。常见品种有春兰、蕙兰、四季兰、寒兰、春剑等等,每个种类里面还有不同的小类,迄今还有品种等待开发。

播种要点

兰花种子发芽率极低,通常家庭播种繁殖都不会成功,所以我们一般选择购买成株或者分株来繁殖。

假植与定植

如果兰花长大至盆的边缘,或者新发丛比较多,最好进行分株。分株定植方法如下:

在盆底部先垫上兰石或者其他碎石,至约 1/3 处陆续加入培养土,然后小心地把植株放进盆中,用手扶好,另一只手往其中填培养土。填土过程中要稍微把植株往上提一点,把根舒展开来,填满后轻转动盆让土落实,切记不要用手压土。等土上至齐盆口后,浇一次透水,等不漏水后再浇一次,放阴凉通风处缓盆。

种植注意点

生长适温(日温/夜温)为 15℃~25℃。

生长的需光性和其他生长条件:兰花属于阴性植物,可以放在有散射光的地方,但是并不是说兰花不需要光照,兰花一天最好有 5 个小时的时间能接触到阳光,否则不容易出花蕾。夏季要遮阴,冬季要保暖。

排水

要求土壤排水性好,所以定植的时候盆底要铺 1/3 的排水层。不能积水,积水会导致须根腐烂,引起植株的死亡。

塑形

兰花本身姿态非常美妙,寥寥几片叶子就非常有韵味。我们一般会搭配细长的紫砂盆或者陶盆来衬托兰花曼妙的身姿。平时注意一下转盆,让植株接受不同方向的光照,以免长期偏光而长歪。

施肥

兰花施肥要注意薄肥勤施,因为肥多容易引起肥害从而引起植株的死亡。家庭使用缓释肥比较方便省事,可以用饼肥铺在盆面上,浇水的时候同时稀释施肥。夏季和冬季停止施肥。

浇水

浇水对于养兰非常重要，可以说浇水的对错决定了兰花的命运。

一般浇水建议使用雨水河水等等，如果使用自来水，要先把水放三天左右，等自来水中的氯气散掉再使用。浇水次数要看天气情况，干燥炎热可以多浇一些。一般来说春天少浇，梅雨天少浇。夏天蒸发量大，可以适当多浇，秋天再逐渐减少，冬季更少。兰花可以淋小雨，但是多淋也会烂叶烂根，所以尽量不要淋雨。

病害防治

害虫主要是介壳虫，可用乐果按说明调配浓度喷洒，一般几次之后可以清除干净。

病害主要是炭疽病和白粉病，一般用多菌灵按照说明调配浓度喷洒。病害防治以预防为主，避免长期高温高湿，加强通风和光照。

扦插繁殖

一般以分株繁殖为主，分株繁殖方法如下：

选择春秋时节进行，一般小苗长至盆中拥挤都可以分株。分株保证每丛大约3~5个单株，分株方法可以参照定植的方法。这里提几个分株时候的注意事项：

分株时候要剪掉烂根，剪掉之后涂上草木灰或者杀菌剂，以免细菌从伤口入侵。这样的兰花定植之后三天之内不要浇水，否则会冲走杀菌剂，让细菌有机可乘。

定植时候根系要舒展，因为兰花没有茎，所以根系非常重要，根系盘踞一起长时间会让根系不透气导致烂根。

育种

兰花必须人工授粉。前面提到兰花的种子发芽率很低，所以不建议家庭育种。一般育种都是为了培育新品种由育种公司来进行。

说到兰花，大家会觉得昂贵、难种等等，其实这是一种误解。只要好好地了解它的生长习惯，就能很轻松地养好它。

非洲堇

原本听说非洲堇是欧美非常著名的案台花卉时，我就非常地好奇，见到之后更是一见倾心。非洲堇颜色清淡素雅，花瓣上如同撒了一层珍珠粉一样盈盈发光，叶片肥厚颜色翠绿，株形端正，惹人怜爱。

产地

原产非洲。苦苣苔科非洲堇属。花朵从叶腋出伸出，花期长。花型众多，花色缤纷。花型有单瓣和重瓣之分，株型有标准、迷你、半迷你之分，也有直立和垂吊之分等等，叶子还有斑叶、褶皱叶等等品种。而且株型娇小，需要日照时间短，是非常受欢迎的小型盆栽植物。

播种要点

非洲堇种子播种繁殖比较少，一般都是使用侧芽或者叶片来进行繁殖，但是非洲堇也是可以进行播种繁殖的。

种子的选择：种子可以购买也可以用自己繁殖的种子。种子也分国外花卉公司的种子和国内自收，花卉公司的种子品种比较多，但是发芽率不算高。自收种子品种可能会有局限性。

种子细小，可以直接播于介质上。播种介质可以使用常用播种用土，泥炭土、珍珠岩、蛭石以 1:1:1 的比例配置。尽量使用颗粒小的介质，以免种子发芽长歪不方便移苗。

一般春秋可播种，需光发芽，直播不用盖土。发芽温度为 18℃~21℃，一般 4~6 天发芽。发芽后保温，阳台种植可用保鲜膜覆盖来保持湿度，湿度保持在 95%以上。注意盆土不要过于潮湿，保持排水通畅，否则比较容易烂苗。

假植与定植

待到当植株长出 4~6 片真叶时开始从穴盘移出，不要待穴盘苗港根再移植。移苗注意不要伤根，移植到盆中时栽培深度与穴盘栽培时相同。定植时加入缓释肥。

移栽土壤介质可采用泥炭土、珍珠岩、蛭石以 1:1:1 配置的介质，种植之前

喷湿,以可捏成团又容易松开为标准。植株种下后轻压下土壤。之后不要喷水,待土壤干后再浇水。

种植注意点

温度:生长适温(日温/夜温)为15℃~25℃。温度太低叶片停止生长,温度太高植株容易腐烂。

生长的需光性和其他生长条件:半阴性植物,需暖和气候。以每天8小时散射光照射为宜,阳光太少叶片会直立,叶柄变长,花开暗淡。光线太多,会叶子外卷,出现抱盆现象,甚至会出现叶片灼伤,所以夏日要遮阴并且降温。

排水

非洲堇非常怕积水,一定要保持排水良好,只要稍微有积水或者长期潮湿不干植株就会烂根。

塑型

非洲堇株型一般是去除侧芽来获得端正的株型。侧芽长太大会导致主茎长歪,所以除非要侧芽繁殖,否则最好趁侧芽还没有长成早日去除。

施肥

非洲堇喜肥,但是有机肥料容易在土中发酵变质产生对非洲根系根不利的元素,所以最好使用无机肥料来施肥。无机肥可以融化于水中施用,记住薄肥勤施。夏冬季停止施肥。

浇水

浇水要等干透再浇,可以根据经验或者掂量盆土的轻重来估计。浇水可同时施用淡肥。

病害防治

非洲堇病害有叶腐病、白粉病等等,可用多菌灵溶液掺土中。千万不要喷在叶子上,叶子积水会出现斑。

虫害多见螨虫,比较小要通过放大镜才看见。如果发现叶片上毛变长,叶片畸形,就要检查是否有螨虫,使用螨虫清按照说明使用即可。

扦插繁殖

非洲堇的扦插繁殖可分为叶插和侧芽扦插两种。侧芽扦插比较容易保持植物性状,比较完美的保持花色。叶插比较不容易保持性状,可能会出现花色跑色等状况,也可能出现新的变异。

叶插扦插方法：

选择健康结实的叶片，以从内向外第 3 圈和第 4 圈叶子为好。将叶柄 2cm 处用干净的刀片 45℃斜切下来，晾干 1 个小时。等伤口收干，插到纯珍珠介质中。珍珠岩介质事先喷湿，不要留积水，让珍珠岩饱吸水分即可。蒙上保鲜膜保温保湿，每天要揭开通下风，一般两周左右可以生根，长出 4 片叶子后可以定植。定植时候把小苗连根轻轻掰下来，放入定植介质即可。

侧芽扦插方法：

和叶插方法类似，等生根长出新叶即可定植。

育种

非洲堇开花后可以进行人工授粉，授粉之后到种子成熟之间时间比较长，通常要 6~10 个月。种子细小，收获一次能获得大量种子。

非洲堇因为美丽而且耐半阴，是非常适合作为案台和办公室装饰的花卉。

太阳花

说起太阳花，估计无人不知，无人不晓。那一片一片迎着太阳绽放笑脸的小花，一朵朵聚集在一起，成为蔚为壮观的美丽风景。太阳花色彩缤纷，热烈盛开，非常贴合它的花语：沉默的爱、光明、热烈。太阳花也是出了名的“死不了”花，无论什么样的环境几乎都能成活，而且一年中除冬季外几乎一直盛开。尤其是夏天，越晒越鲜艳。当其他花儿都在烈日下低头的时候，小小的太阳花却爆发着无穷无尽的能量。它是我非常喜爱的花卉。

产地

原产南美、巴西。花朵颜色众多。晴天开放,阴天雨天花瓣闭合。通常一朵花寿命只一天,但是花苞众多,几乎天天都能见到满盆效果。

值得注意的是,我们平时常见的太阳花其实是分为两大类:以叶子辨别,一类俗称叫针叶牡丹,叶如松针,肉感,上有丛毛,花多有重瓣。另一种称做大花马齿苋,马齿苋科,马齿苋属,此类多见单瓣,叶圆且扁,花量大。这两种都俗称为太阳花。

播种要点

种子的选择:太阳花种子非常细小,最好选择头年结的种子。越新鲜的种子发芽率越高。因种子细小比较适合直播。

家庭种植一般泥炭土加珍珠岩即可作为播种土。播种土加入少量杀菌剂或者高锰酸钾进行消毒。

因为是一年生植物,宜春、夏播种,发芽后如遇冬日低温会停止生长或者死亡。播种到开花所需的时间一般为 6~10 周。

假植与定植

如果觉得小苗过密可在出 4 片叶子左右时移栽。因小苗柔弱,移植时候注意不要伤到根系。定植时加入有机底肥。太阳花本身分支性强,也可适当打顶,防止植株因为趋光性而长歪。

种植注意点

温度:生长适温(日温/夜温)不低于 10℃。

生长的需光性和其他生长条件:全日照,需高光和暖和气候。喜长时间光照,不能耐阴,夏季可以放在室外。冬日保暖可保持不死,到来年萌发新枝条。

排水

太阳花一般对土壤排水没有其他花卉高, 但我们尽量要做到土壤排水通畅。

塑型

太阳花适合密植观赏,一株太阳花成株能长成一盆,但是为了开花多的考虑,可适当掐尖促花,同时也起到限制株高,达到矮密的满盆效果。

施肥

太阳花属于小植株花卉，平时每半个月施一次1‰的磷酸二氢钾就可以让花开艳丽、花开不断。其他的家用肥也能用，但稀释过再施入比较好。

浇水

太阳花对水分的要求也不甚严格，尽量做到不要积水。曾经我尝试过夏日一周没有浇水依然健康生长。

病害防治

太阳花基本没有病虫害，平日注意防止蚜虫和介壳虫。如有虫害依说明稀释喷洒乐果即可。

扦插繁殖

太阳花可以用播种和扦插两种方法来繁殖。单瓣品种通常是以播种来繁殖，但是有很多新的品种，尤以重瓣为多，几乎没有种子。这样的情况就只能通过扦插来培植下一代。

扦插方法：

剪下植株5cm左右的茎，在扦插基质中用剪刀戳一个约2cm的小孔，把剪下的茎插进去，用手略压实，间距大于2cm即可，这样容易达到满盆的效果。浇透水，直接放太阳下即可。

扦插后的管理：

温度：温度应大于20℃，温度越高生根越快，一般扦插10天之后即可生根，生根之后植株生长极快，不日即可开花。

湿度：扦插后必须保持一定的湿度，便于植株生根。

光照：太阳花扦插苗非常喜爱光照，所以扦插之后即可放在太阳下接受长日照。待新叶生出，说明根已经生成，进入正常养护阶段。

育种

太阳花是自育种植物，不需要人工授粉。种子细小，银白色即代表成熟，可采收。如果不及时采收，种子会自行裂开掉落。

太阳花是一种非常美好的阳台花卉，露天群植效果也是极佳。管理粗放，虽然是一年生花卉，冬天保温可过且自播能力极强。可做多年观赏，颜色非常多，且不怕高温，越热开得越鲜艳热烈，是炎炎夏日为数不多的观赏花卉。